SICHUAN SHENG GONGCHENG JIANSHE BIAOZHUN SHEJI

四川省工程建设标准设计

四川省预应力钢筋混凝土叠合梁（矩形）

四川省建筑标准设计办公室

图集号 川2018G132-TY

西南交通大学出版社
·成 都·

图书在版编目（CIP）数据

四川省预应力钢筋混凝土叠合梁：矩形 / 四川省建筑科学研究院主编. —成都：西南交通大学出版社，2019.1

ISBN 978-7-5643-6674-2

Ⅰ. ①四… Ⅱ. ①四… Ⅲ. ①预应力钢筋 - 预应力混凝土 - 叠合梁 - 四川 Ⅳ. ①TU375.1

中国版本图书馆 CIP 数据核字（2018）第 290797 号

责任编辑 李芳芳
封面设计 何东琳设计工作室

Sichuan Sheng Yuyingli Gangjin Hunningtu Dieheliang (Juxing)

四川省预应力钢筋混凝土叠合梁（矩形）

川 2018G132 – TY

主编 四川省建筑科学研究院

出版发行	西南交通大学出版社（四川省成都市二环路北一段 111 号 西南交通大学创新大厦 21 楼）
发行部电话	028-87600564 028-87600533
邮政编码	610031
网址	http://www.xnjdcbs.com
印刷	四川煤田地质制图印刷厂
成品尺寸	260 mm × 185 mm
印张	3
字数	72 千
版次	2019 年 1 月第 1 版
印次	2019 年 1 月第 1 次
书号	ISBN 978-7-5643-6674-2
定价	38.00 元

四川省住房和城乡建设厅

川建标发〔2018〕669号

四川省住房和城乡建设厅关于发布《四川省预应力钢筋混凝土叠合板》(川2018G131–TY)、《四川省预应力钢筋混凝土叠合梁（矩形）》(川2018G132–TY) 为省标通用图集的通知

各市（州）及扩权试点县(市)住房城乡建设行政主管部门：

由四川省建筑标准设计办公室组织、四川省建筑科学研究院主编的《四川省预应力钢筋混凝土叠合板》《四川省预应力钢筋混凝土叠合梁（矩形）》，经审查通过，现批准为四川省建筑标准设计省标通用图集，图集编号分别为川2018G131–TY、川2018G132–TY，自2018年11月2日起施行。

该图集由四川省住房和城乡建设厅负责管理，四川省建筑科学研究院负责具体解释工作，四川省建筑标准设计办公室负责出版、发行工作。

特此通知。

四川省住房和城乡建设厅

2018年8月15号

《预应力钢筋混凝土叠合梁(矩形)》

编审名单

主 编 单 位：四川省建筑科学研究院

编制组负责人：张　瀑

编制组成员：张　瀑　鲁兆红　张天平　赵干荣　宋可加

审 查 组 长：梁　虹

审查组成员：赵仕兴　邓世斌　颜有光　龚小兵

预应力钢筋混凝土叠合梁(矩形)

批准部门：四川省住房和城乡建设厅
主编单位：四川省建筑科学研究院
实施日期：2018年11月2日
批准文号：川建标发〔2018〕669号
图 集 号：川2018G132-TY

主编单位负责人：[signature]
主编单位技术负责人：[signature]
技 术 审 定 人：[signature]
设 计 负 责 人：[signature]

目录

编制说明

1 适用范围

1.1 本图集适用于环境类别为一类的一般民用建筑的楼面梁及屋面梁。

1.2 本图集适用于抗震等级为二级及二级以下的建筑。

1.3 本图集适用于梁高度为400～800 mm跨度不大于9 m的矩形截面预应力钢筋混凝土叠合梁(以下简称叠合梁)。

2 编制依据

2.1 《四川省住房和城乡建设厅关于同意编制〈四川省预应力钢筋混凝土叠合板图集〉等七部省通用标准图集的批复》（川建标发〔2018〕295）。

2.2 设计依据

《建筑结构荷载规范》	GB 50009-2012
《混凝土结构设计规范》	GB 50010-2010(2015年版)
《建筑抗震设计规范》	GB 50011-2010(2016年版)
《建筑设计防火规范》	GB 50016-2014
《混凝土结构工程施工质量验收规范》	GB 50204-2015
《混凝土结构工程施工规范》	GB 50666-2011
《装配式混凝土建筑技术标准》	GB/T51231-2016
《建筑结构制图标准》	GB/T 50105-2010
《预应力混凝土用钢绞线》	GB/T 5224-2014
《四川省建筑工业化混凝土预制构件制作、安装及质量验收规程》	DBJ 51/T008-2015
《四川省装配式混凝土建筑设计标准》	DBJ 51/T024-2017
《预应力结构设计与施工技术规程》	DBJ 51/T031-2014
《四川省工业化住宅设计模数协调标准》	DBJ 51/T064-2016

3 材料

3.1 叠合梁预制部分的混凝土强度等级为C40，现浇部分的混凝土强度等级不宜低于C40,不应低于C30。

3.2 普通纵向受力钢筋和箍筋采用HRB400钢筋，构造钢筋采用HPB300。

3.3 预应力钢筋采用低松弛预应力钢绞线，其性能应符合国家标准《预应力混凝土用钢绞线》(GB/T 5224-2014)的要求，抗拉强度标准值为1 860 N/mm^2。

3.4 吊环采用HPB300热轧钢筋或Q235B热轧圆钢。

4 编制原则

4.1 本图集叠合梁安全等级为二级，设计使用年限50年，重要性系数γ_0=1.0。

4.2 本图集叠合梁按照施工阶段梁两端设有可靠支撑的叠合式受弯构件进行设计，当梁上有叠合板、现浇板时，叠合板、现浇板按有支撑考虑。

4.3 本图集叠合梁由预制梁及其上的叠合层组成。框架梁叠合层高度不低于150 mm(叠合板厚度为160 mm时，为160 mm)；非框架梁叠合层高度不低于100 mm。

4.4 叠合梁正常使用阶段的最大裂缝宽度允许值为0.2 mm。

4.5 叠合梁的挠度按荷载效应标准组合并考虑荷载长期作用影响的刚度进行计算，叠合梁的挠度限值取l_0/250，l_0为梁的计算跨度。设计人员应按照普通钢筋混凝土梁计算叠合梁的挠度。

4.6 预应力钢筋张拉控制应力$\sigma_{con}=0.7f_{ptk}$，单根钢筋张拉力=180 kN，有效预应力值不应小于1 000 MPa。

4.7 钢筋的混凝土保护层厚度为25 mm。

4.8 预制梁吊装时考虑动力系数1.5。

4.9 预制梁在放张、堆放、运输及吊装各个阶段均不允许出现裂缝。

4.10 当叠合梁与柱连接时，柱的边长不宜小于500 mm，当梁底钢筋直径为25 mm时，与梁方向平行的柱边长应不小于650 mm。

5 编制方式

5.1 本图集叠合梁截面选用矩形梁。

5.2 叠合梁的钢筋按适筋梁进行设计，即下部钢筋配置在二级抗震等级时满足最小配筋率0.26%，三级抗震等级时满足最小配筋率0.21%，框架梁端混凝土受压区高度与截面有效高度之比不大于0.35，最大配筋率不超过2.5%等的要求进行。同时考虑支座受拉与受压钢筋面积比以及预压应力对受压区高度的影响。

5.3 叠合梁下部钢筋由2根16~25 mm普通钢筋及预应力筋组成。

5.4 叠合梁的上部钢筋按设计计算配筋,配筋量不应大于本图集叠合梁选用表中的支座最大配筋量。

5.5 箍筋在梁加密区为封闭箍，中部为开口箍；当为非框架叠合梁时，可以全长为开口箍。

5.5 梁的端部按第14页设置键槽，钢筋锚固应满足第11~13页要求，与结构可靠连接。

5.6 次梁与主梁连接时可按第23页采用非抗震连接节点。

6 命名规则及选用示例

6.1 叠合梁编号:

YDL(J)xxxx-xx-x

预应力叠合梁(矩形)

梁截面宽度(cm)

梁截面高度(cm)

预应力钢筋根数(2,3)

普通钢筋直径

其中

代号	2	3
预应力筋	2Φ^S15.2	3Φ^S15.2

例1：编号YDL(J)2045-20-2。

表示： 预应力混凝土叠合梁(矩形)；

梁截面：200 mm×450 mm；

梁底部配筋：2Φ20+2Φ^S15.2。

6.2 选用方法及步骤：

(1)设计按第24页在选择梁截面后，根据整体结构分析，按照梁跨中包络弯矩设计值及配筋面积，选用叠合梁型号；按照梁支座计算配筋面积确定梁顶面的配筋，并复核支座配筋量小于支座最大配筋量。

(2)按抗剪承载能力、抗扭承载能力确定箍筋、腰筋的规格。当梁侧不需配置纵向抗扭钢筋时，梁侧纵向构造钢筋按本图集第16页选用。

例2：设计选用。

某梁，跨度为7.2 m，梁截面为300 mm×700 mm，根据整体结构分析，

跨中：包络弯矩设计值390 kN·m,配筋包络面积A_s=1843 mm^2;

支座：包络弯矩设计值350 kN·m,配筋包络面积A_s=1800 mm^2;

剪力设计值：V=350 kN。

选择叠合梁型号：

查：预应力混凝土梁选用表(h=700 mm)选用YDL(J)3070-25-2。

跨中抗弯承载能力为418 kN·m >390 kN·m 满足

底部钢筋换算面积A_s=2008 mm^2>1843 mm^2 满足

支座最大配筋量3271 mm^2>1800 mm^2 满足，实际配筋4Φ25 A_s=1960 mm^2。

支座斜截面抗剪承载能力V=479.4 kN>350 kN 满足。

故：选用叠合梁编号为：YDL(J)3070-25-2。

即：梁截面：300 mm×700 mm 梁底部配筋：2Φ25+2Φ^S15.2。

梁顶支座配筋4Φ25，支座截面箍筋为Φ8@100(2)。

7 制作要求

7.1 预制梁的制作应遵守《四川省建筑工业化混凝土预制构件制作、安装及质量验收规程》（DBJ 51/T008-2015）、《混凝土结构工程施工规范》（GB 50666-2011）的规定。

7.2 制作单位应按产品标准生产制作。

7.3 混凝土浇筑前应抽取1根预应力钢筋测定实际预应力值。

7.4 预制梁中设置的预埋件应符合设计要求。

7.5 预制梁上表面应做成粗糙面。

7.6 放张时的混凝土立方体抗压强度不应低于设计强度等级的75%，且宜采取缓慢放张措施。

7.7 出厂时，制作单位应提供预制梁的产品合格证书。

8 施工要求

8.1 叠合梁施工应遵守《四川省建筑工业化混凝土预制构件制作、安装及质量验收规程》（DBJ 51/T008-2015）、《混凝土结构工程施工规范》（GB 50666-2011）的规定。

8.2 预制梁吊装时应慢起慢落，并防止与其他物体相撞。

8.3 堆放场地应平整夯实，堆放时使梁与地面之间应有一定的空隙，并设排水措施。

8.4 预制梁两端应放置在柱（承重的竖向构件）上或在两端设置可靠支撑。与梁搭接的板均应有可靠支撑，在施工阶段不考虑叠合梁承受板的自重荷载及传递施工荷载。

8.5 叠合梁现浇叠合层钢筋按图纸放置，验收满足后可浇筑混凝土。

8.6 施工均布荷载不应大于1.5 kN/m^2，否则应采取加强措施。施工中应防止构件受到冲击作用（以上施工均布荷载不包括均匀分布的叠合层混凝土自重）。

9 质量检验

9.1 叠合梁的质量验收应符合国家标准《混凝土结构工程施工质量验收规范》(GB 50204-2015)以及地方标准《四川省建筑工业化混凝土预制构件制作、安装及质量验收规程》(DBJ 51/T008-2015)中的有关规定。

9.2 按本图集生产的预制梁，出厂检验应符合《四川省建筑工业化混凝土预制构件制作、安装及质量验收规程》(DBJ 51/T008-2015)中的有关规定，不超过6个月且不超过1 000件应抽取1件按本节要求进行构件抗裂性能检验。

9.3 进行构件抗裂性能检验时，预制梁混凝土立方体抗压强度应达到设计强度等级的100%。

9.4 预制梁检验可采用集中点加载形式，预制梁抗裂弯矩检验值见本图集第41页。梁的跨中弯矩达到表中抗裂弯矩检验值时，梁未出现开裂，表明预制梁满足要求。

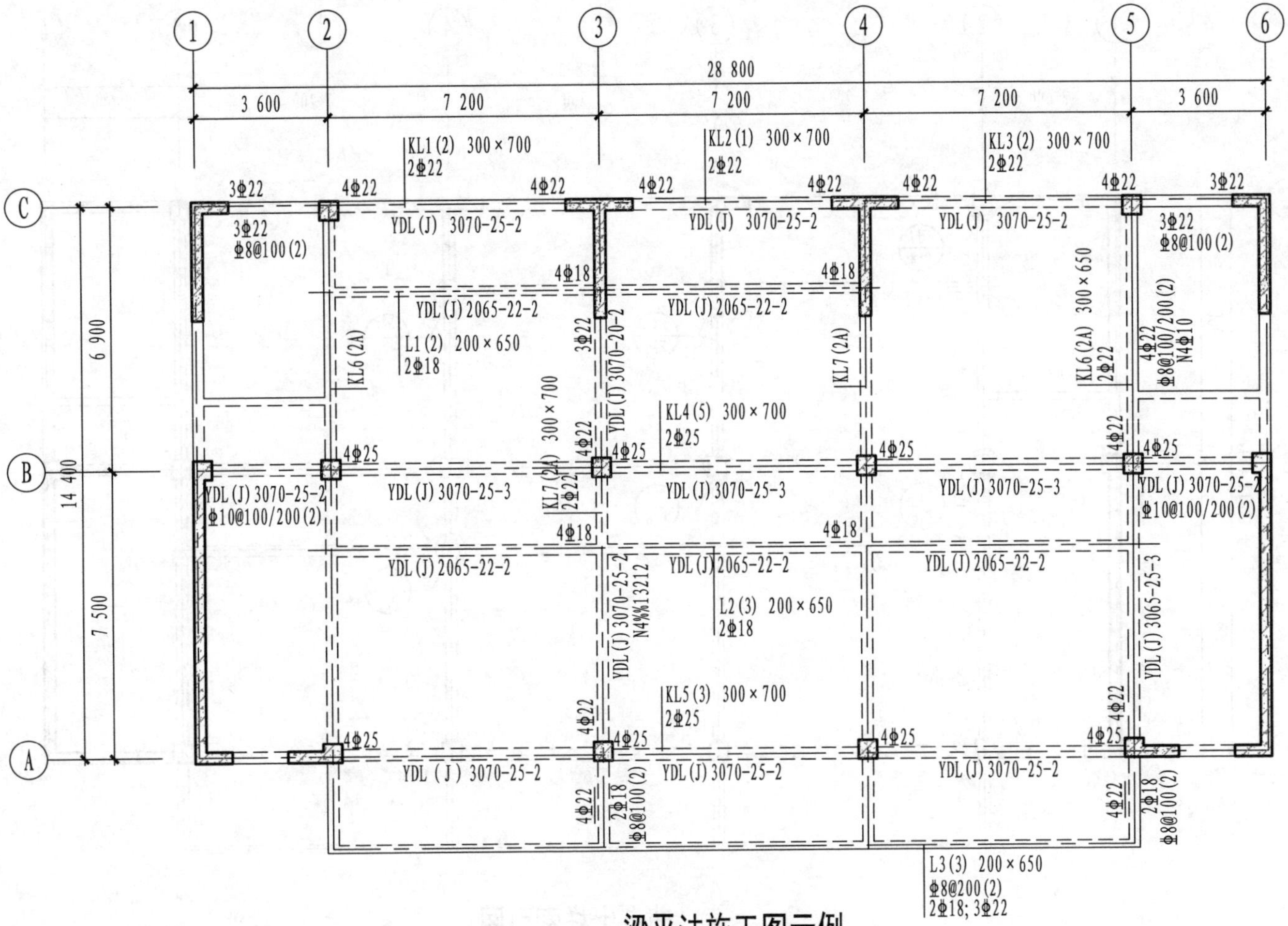

梁平法施工图示例

1. 梁施工图采用平面注写表达，除叠合梁采用原位标注外，其余均按G101-1图集中梁平法施工图制图规则执行。
2. 图中梁底标有YDL(J)XXXX-XX-X者表示该跨梁采用叠合梁。当叠合梁的箍筋直径、间距与本图集配筋不一致时，应采用原位标注标示。叠合梁侧面构造纵向钢筋按第15页选用，梁侧面为抗扭钢筋时，应采用原位标注标示。
3. 叠合梁在制作时除满足本图集标准大样外，还应满足梁平法施工图中相应的要求。

梁平法施工图示例								图集号	川2018G132-TY
审核	张天平	[签名]	校对	宋可加	[签名]	设计	赵千荣	页	5

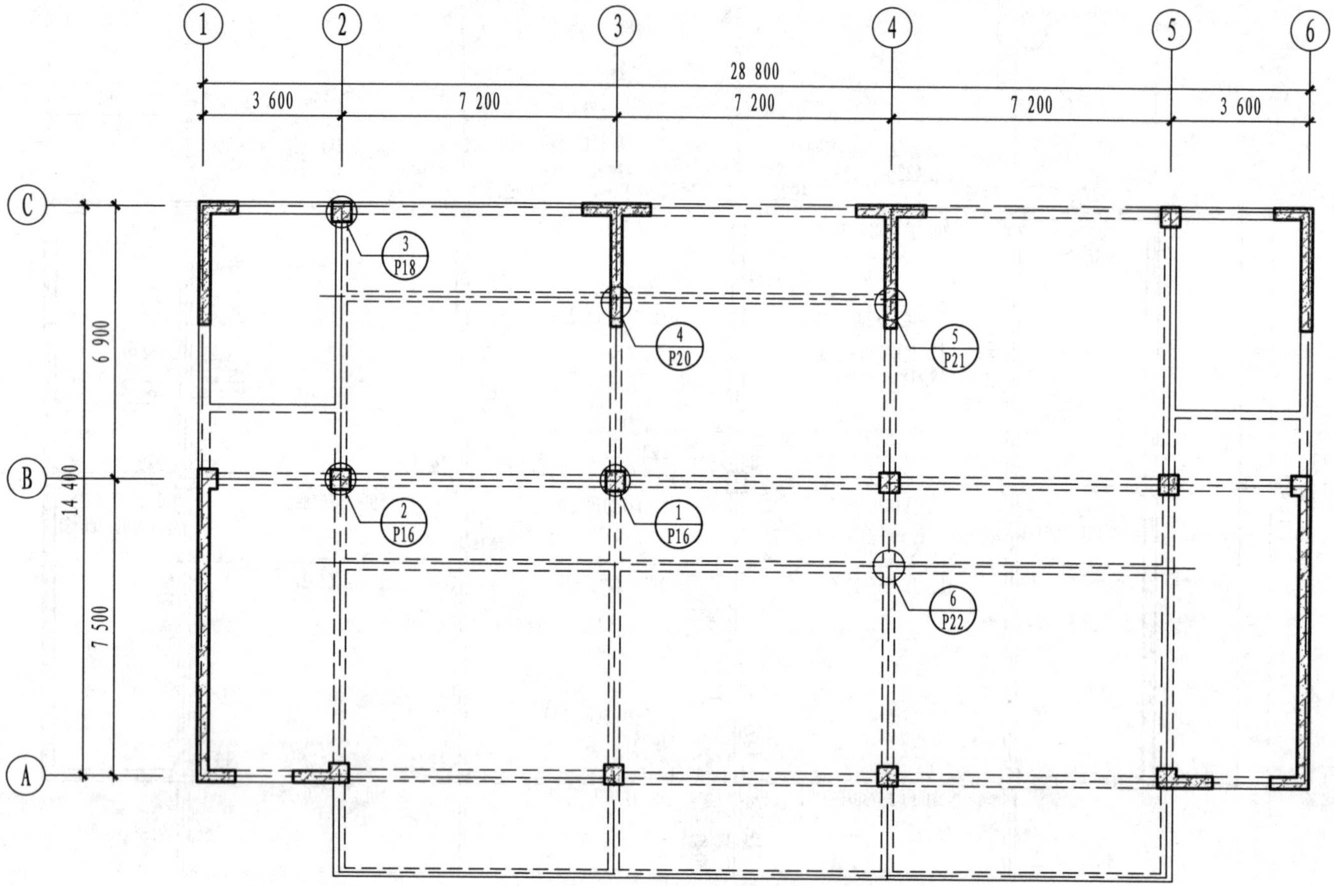

节点大样索引图

说明:

1号节点为叠合框架梁与框架中柱连接节点(纵横向框架梁等高);

2号节点为叠合框架梁与框架中柱连接节点(纵横向框架梁不等高);

3号节点为叠合框架梁与框架边柱连接节点;

4号节点为叠合非框架梁与剪力墙平面外连接中间节点;

5号节点为叠合非框架梁与剪力墙平面外连接边节点;

6号节点为叠合非框架梁与叠合主梁连接节点。

节点大样索引图							图集号	川2018G132-TY
审核	张天平	张天平	校对	宋可加	宋可加	设计	赵千荣	赵千荣	页	6

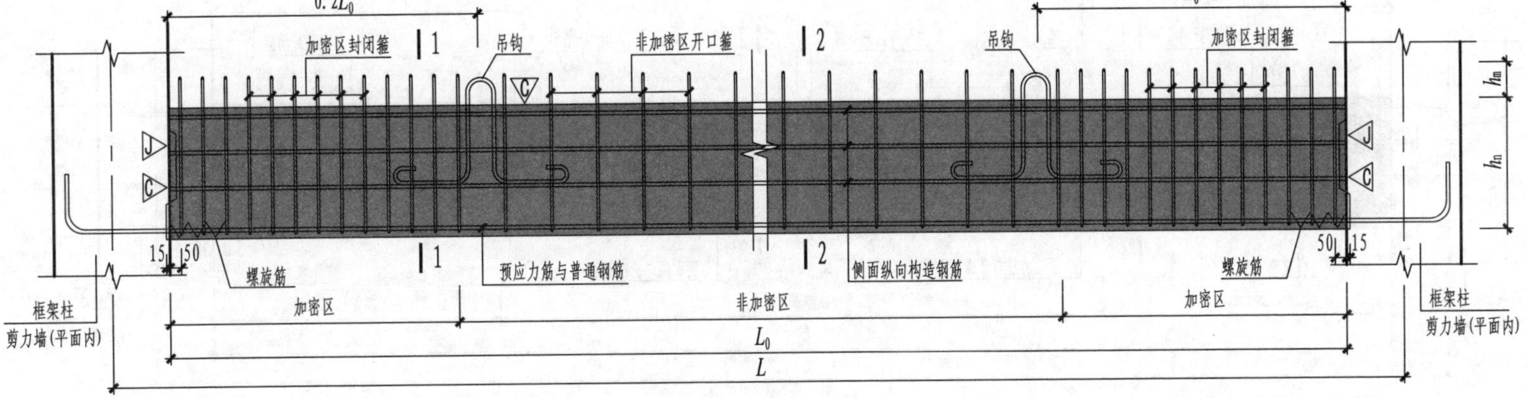

预制框架梁钢筋构造（一）

（梁侧纵筋为构造钢筋）

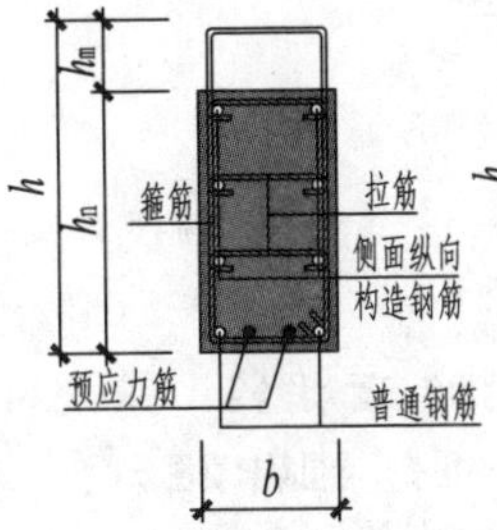

1-1

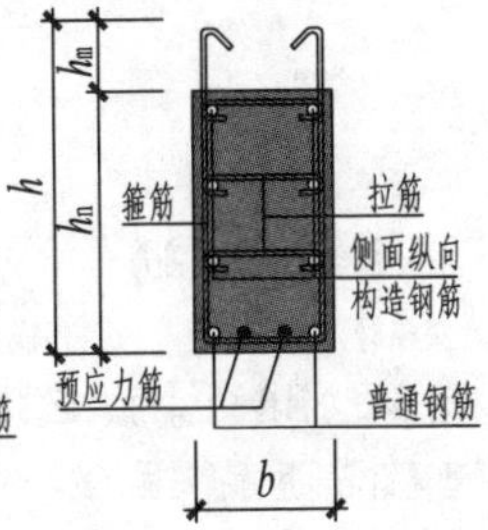

2-2

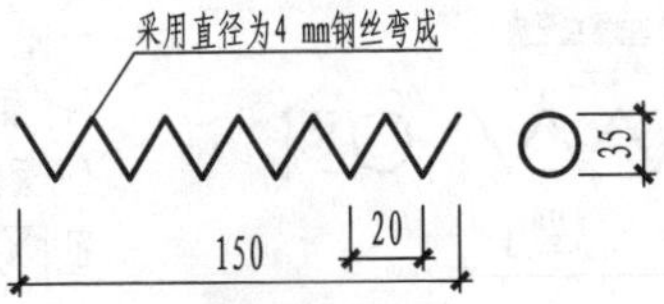

螺旋筋

说明：

1. 图中各字母含义如下：
   h—叠合梁高；b—叠合梁宽；
   h_n—预制梁高；h_m—叠合梁现浇层高度；
   L—梁轴跨；L_0—梁净跨。
2. 图中Ⓒ所对应构件表面为粗糙面；Ⓙ所对应的构件表面为结合面。
3. 预制框架梁底部普通钢筋采用弯折锚固方式，锚固长度见图第11页图。
4. 框架梁叠合层高度为150 mm。当支撑在梁上的板厚为160 mm时，叠合层高度为160 mm。
5. 梁端部构造见图第14页图。

预制框架梁钢筋构造（一）								图集号	川2018G132-TY
审核	张天平	张天平	校对	宋可加	宋可加	设计	赵干荣	页	7

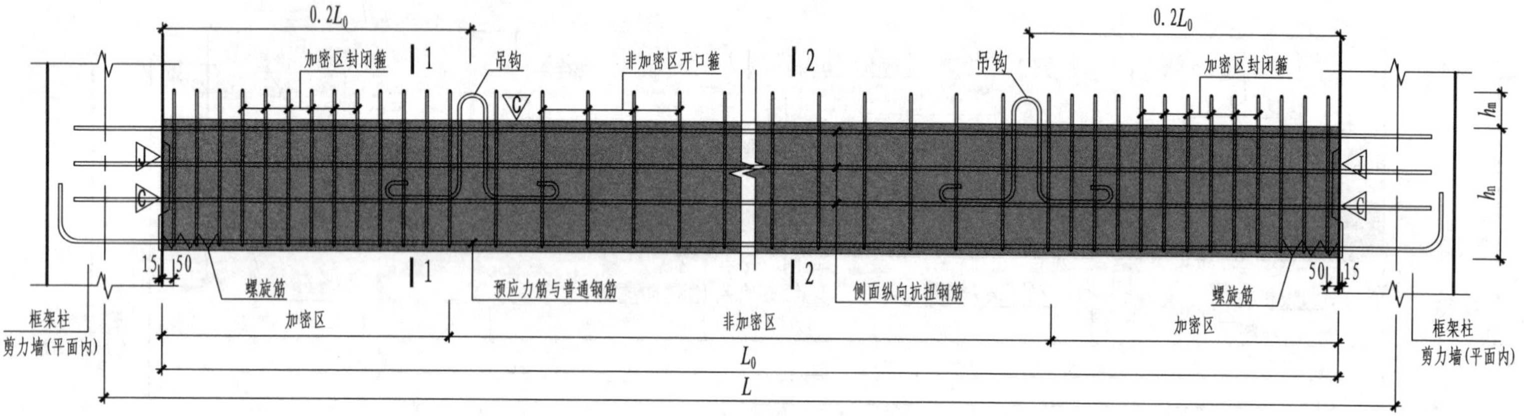

预制框架梁钢筋构造（二）

(梁侧纵筋为抗扭钢筋)

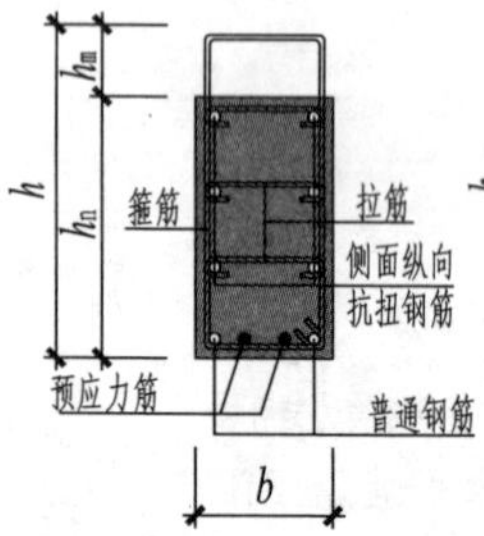

1-1

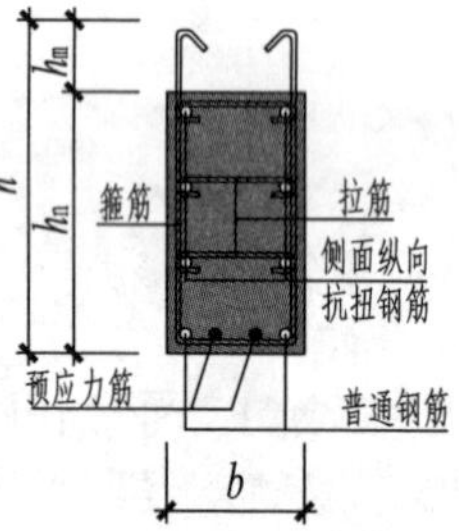

2-2

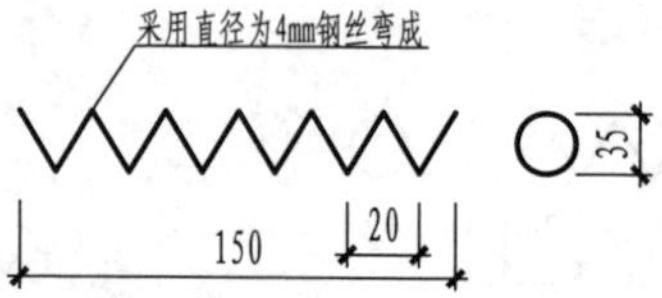

螺旋筋

说明：

1. 图中各字母含义如下：

   h—叠合梁高；b—叠合梁宽；

   h_n—预制梁高；h_m—叠合梁现浇层高度；

   L—梁轴跨；L_0—梁净跨。

2. 图中Ⓒ所对应构件表面为粗糙面；Ⓙ所对应的构件表面为结合面。
3. 预制框架梁底部普通钢筋采用弯折锚固方式，锚固长度见图第11页图。
4. 框架梁叠合层高度为150 mm。当支撑在梁上的板厚为160 mm时，叠合层高度为160 mm。
5. 梁端部构造见图第14页图。

预制框架梁钢筋构造（二）								图集号	川2018G132-TY
审核	张天平	[签名]	校对	宋可加	[签名]	设计	赵干荣	[签名]	页 8

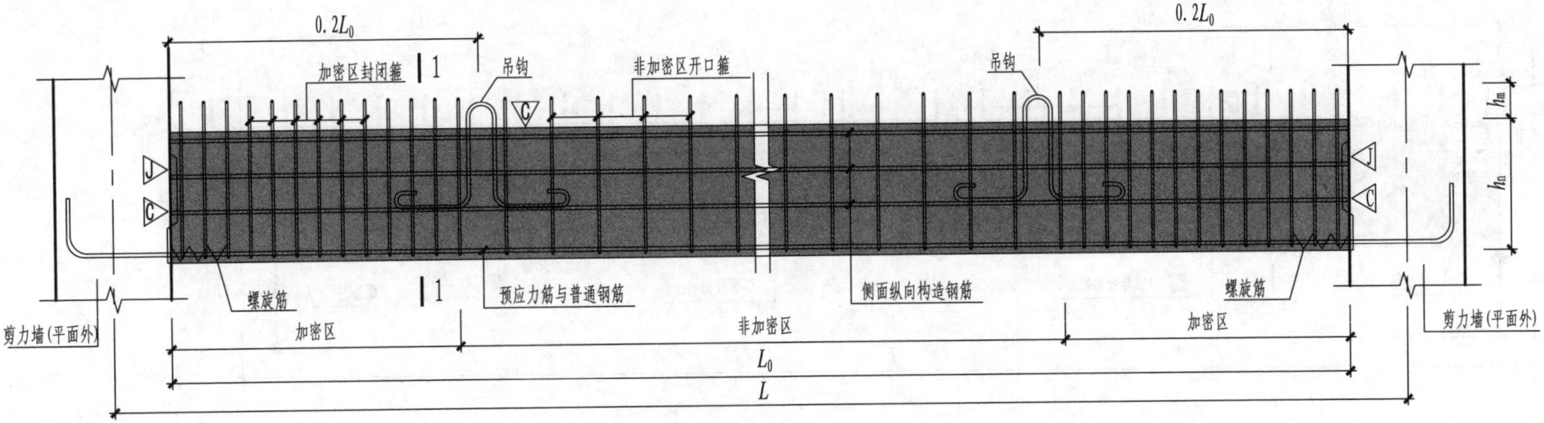

预制梁钢筋构造(一)

(非框架梁与剪力墙平面外连接)

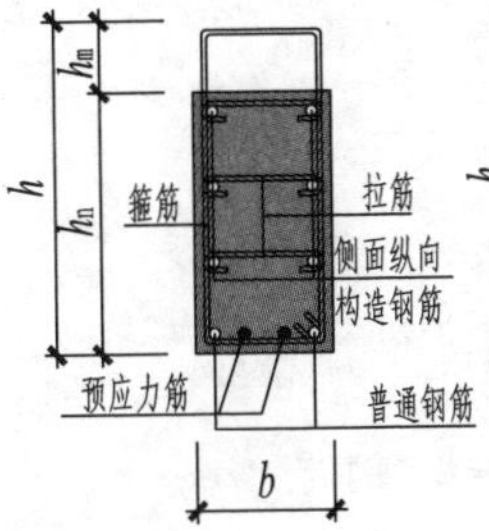

1-1

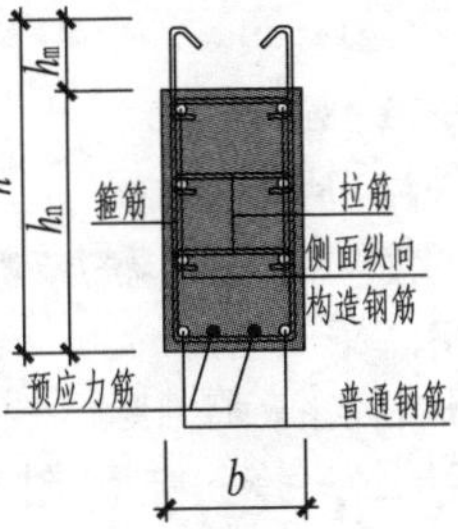

2-2

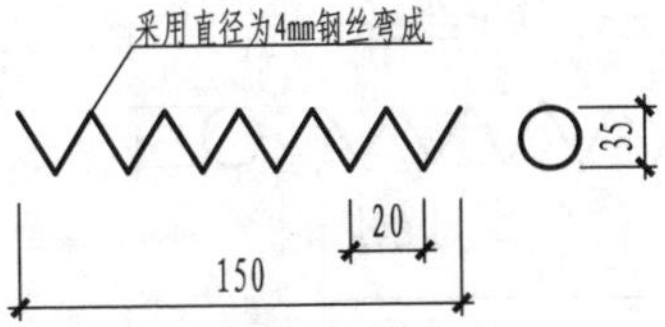

螺旋筋

说明:

1. 图中各字母含义如下:

   h—叠合梁高; b—叠合梁宽;

   h_n—预制梁高; h_m—叠合梁现浇层高度;

   L—梁轴跨; L_0—梁净跨。

2. 图中Ⓒ所对应构件表面为粗糙面;Ⓙ所对应的构件表面为结合面。
3. 预制框架梁底部普通钢筋采用弯折锚固方式,锚固长度见图第11页图。
4. 框架梁叠合层高度为150 mm。当支撑在梁上的板厚为160 mm时,叠合层高度为160 mm。
5. 梁端部构造见图第14页图。

预制梁钢筋构造(一)								图集号	川2018G132-TY
审核	张天平	(签名)	校对	宋可加	(签名)	设计	赵千荣	(签名) 页	9

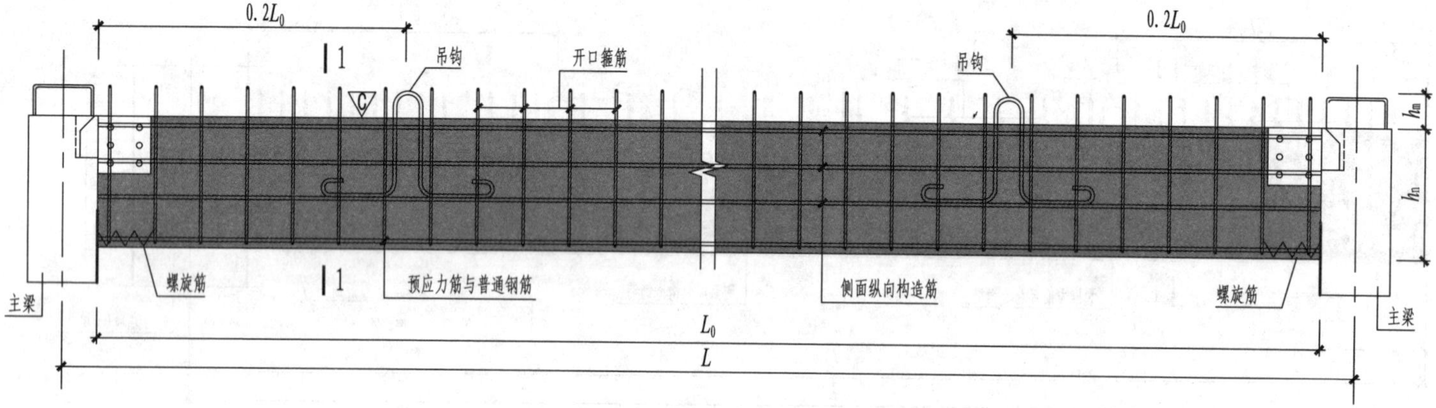

预制梁钢筋构造（二）

（非框架梁与主梁连接）

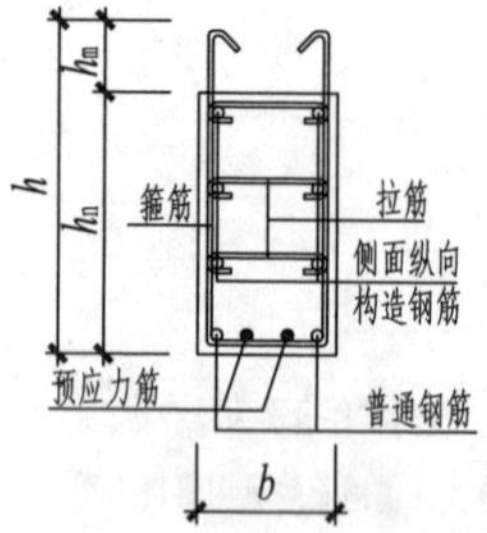

1-1

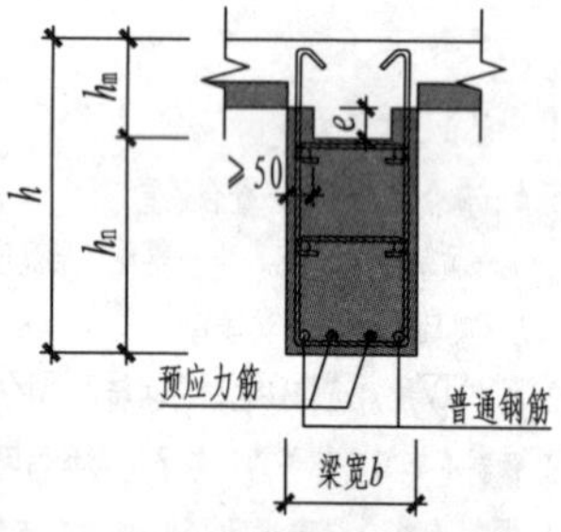

凹口截面预制梁

e为叠合层厚度与楼板板厚差值

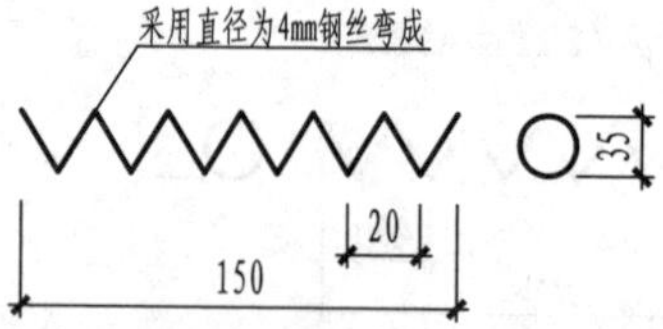

螺旋筋

说明：

1. 图中各字母含义如下：
   h—叠合梁高；b—叠合梁宽；
   h_n—预制梁高；h_m—叠合梁现浇层高度；
   L—梁轴跨；L_0—梁净跨。
2. 图中C所对应构件表面为粗糙面。
3. 非框架梁与主梁采用钢企口连接，连接大样见第23页。
4. 非框架梁叠合层高度h_m不低于100 mm。

预制梁钢筋构造（二）									图集号	川2018G132-TY
审核	张天平	（签名）	校对	宋可加	（签名）	设计	赵千荣	（签名）	页	10

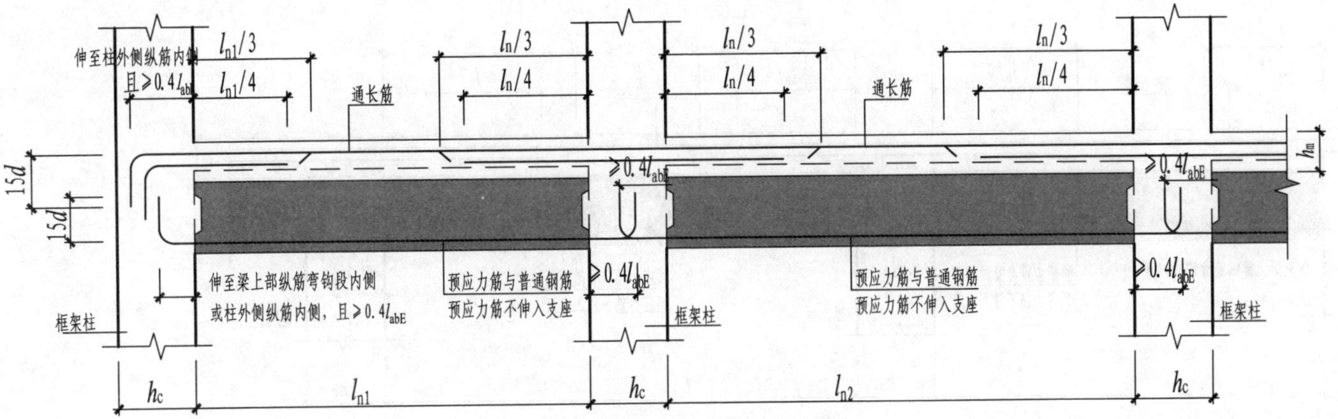

楼层叠合框架梁纵筋锚固构造

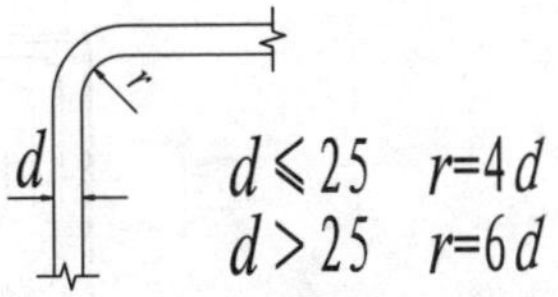

纵向钢筋弯折要求

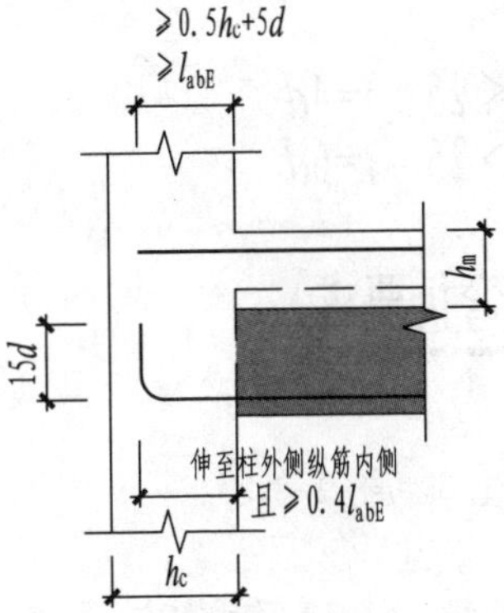

端支座负筋直锚

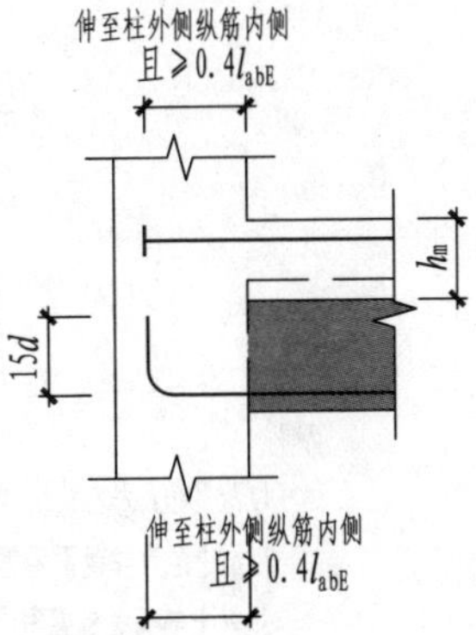

端支座负筋加锚头（锚板）锚固

叠合框架梁梁底钢筋锚固长度表

位置	抗震等级	钢筋直径				
		16	18	20	22	25
平直段（0.4l_{abE}）	二级	211	238	264	290	330
	三级	192	216	240	264	300
	四级、非抗震	186	209	232	255	290
弯折段（15d）		240	270	300	330	375

说明:

1. 跨度值l_n为左跨l_{ni}和右跨l_{ni+1}之较大值，其中i=1，2，3…。
2. 图中h_c为柱截面沿框架方向的高度。
3. 梁上部通长钢筋与非贯通钢筋直径相同时，连接位置宜位于跨中$l_{ni}/3$范围内；且在同一连接区段内钢筋接头面积百分率不宜大于50%。

楼层叠合框架梁纵筋锚固构造						图集号	川2018G132-TY
审核	张天平	校对	宋可加	设计	赵千荣	页	11

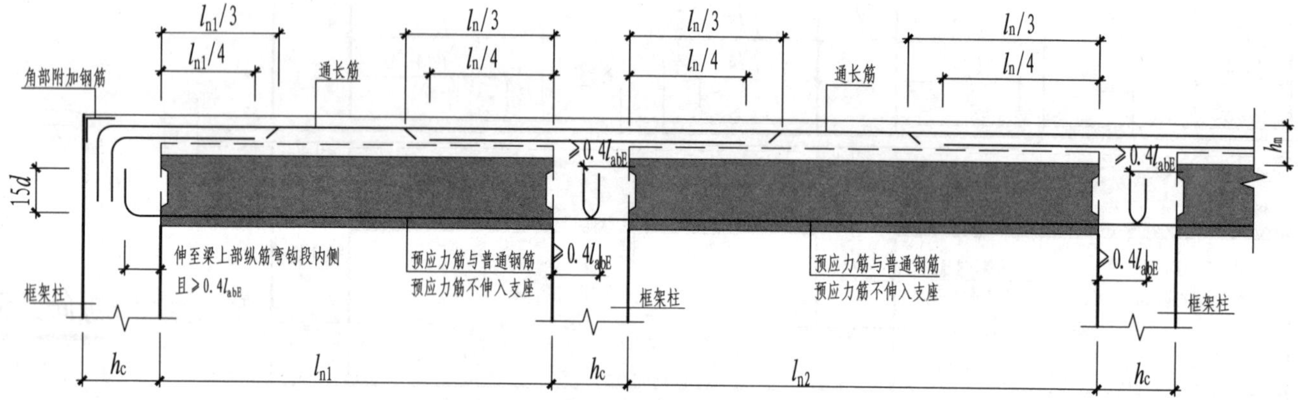

屋面叠合框架梁纵筋锚固构造

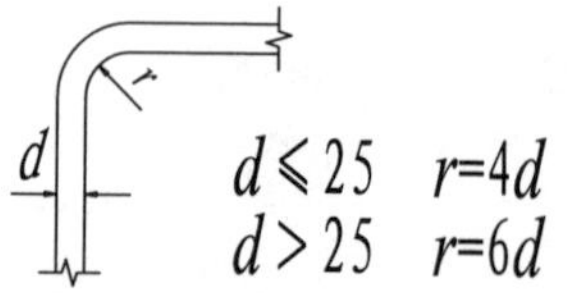

纵向钢筋弯折要求

叠合框架梁梁底钢筋锚固长度表

位置	抗震等级	钢筋直径 16	18	20	22	25
平直段（$0.4l_{abE}$）	二级	211	238	264	290	330
	三级	192	216	240	264	300
	四级、非抗震	186	209	232	255	290
弯折段（$15d$）		240	270	300	330	375

说明：

1. 跨度值l_n为左跨l_{ni}和右跨l_{ni+1}之较大值，其中i=1，2，3…。
2. 图中h_c为柱截面沿框架方向的高度。
3. 梁上部通长钢筋与非贯通钢筋直径相同时，连接位置宜位于跨中$l_{ni}/3$范围内；且在同一连接区段内钢筋接头面积百分率不宜大于50%。
4. 顶层端节点处梁上部钢筋与角部附加钢筋构造详G101-1图集中相关要求。

屋面叠合框架梁纵筋锚固构造						图集号	川2018G132-TY
审核	张天平	校对	宋可加	设计	赵千荣	页	12

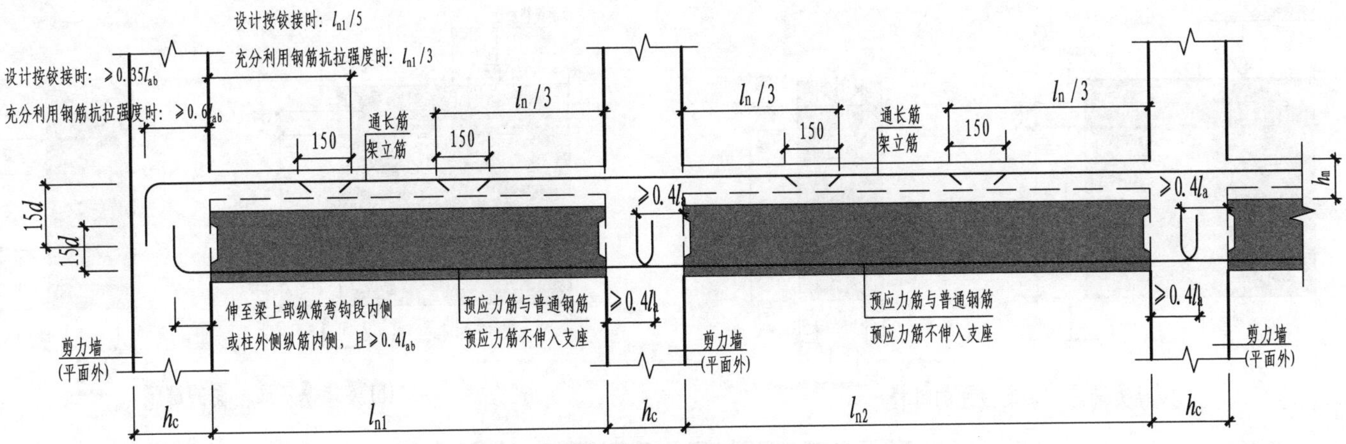

叠合非框架梁纵筋锚固构造

(非框架梁与剪力墙平面外连接)

叠合非框架梁梁底钢筋锚固长度表

位置	钢筋直径				
	16	18	20	22	25
平直段($0.4l_a$)	186	209	232	255	290
弯折段(15d)	240	270	300	330	375

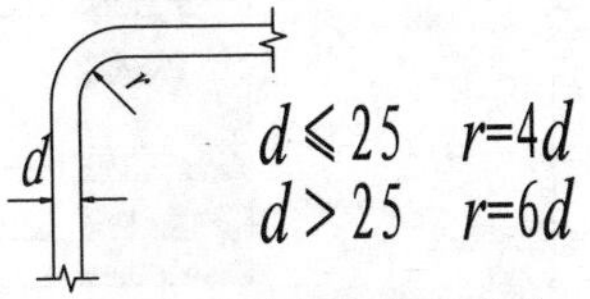

纵向钢筋弯折要求

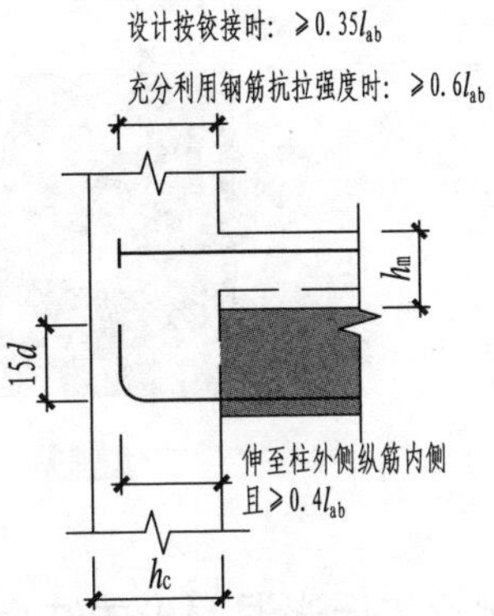

端支座负筋加锚头（锚板）锚固

说明：

1. 本图为非框架预制梁与剪力墙平面外连接钢筋锚固示意。
2. 跨度值l_n为左跨l_{ni}和右跨l_{ni+1}之较大值，其中i=1，2，3…。
3. 图中h_c为柱截面沿框架方向的高度。
4. 梁上部通长钢筋与非贯通钢筋直径相同时，连接位置宜位于跨中$l_{ni}/3$范围内；且在同一连接区段内钢筋接头面积百分率不宜大于50%。
5. 图中“设计按铰接时”“充分利用钢筋的抗拉强度时”由设计指定。

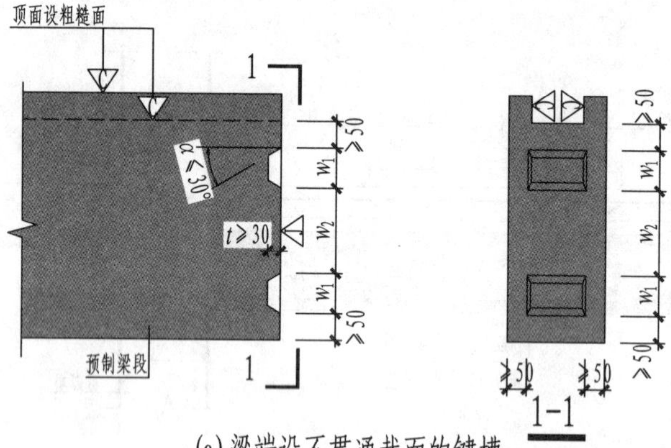

(a)梁端设不贯通截面的键槽

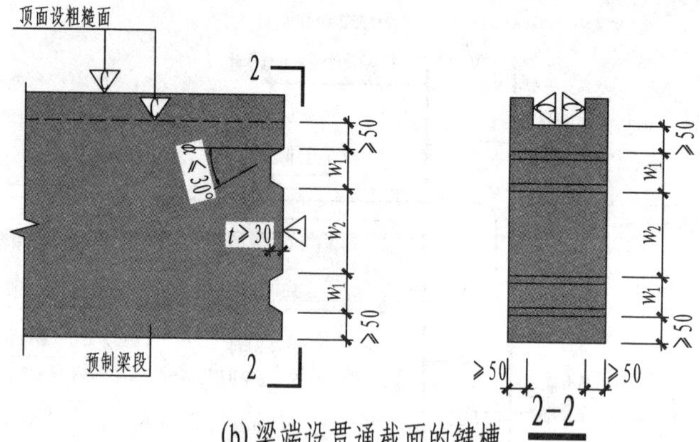

(b)梁端设贯通截面的键槽

顶面有凹口预制梁与后浇混凝土的结合面

($3t \leqslant w_1 \leqslant 10t$，$3t \leqslant w_2 \leqslant 10t$)

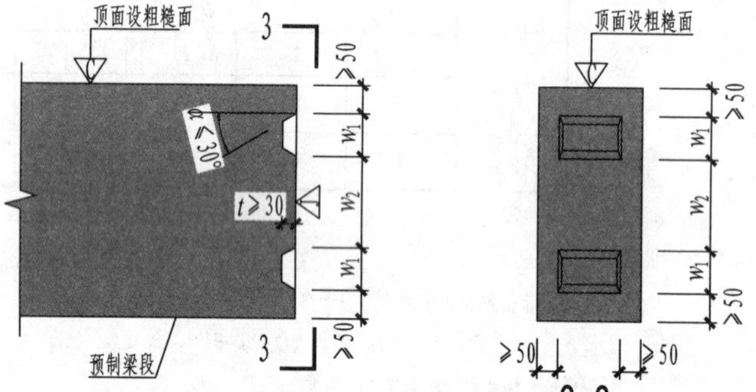

(a)梁端设不贯通截面的键槽

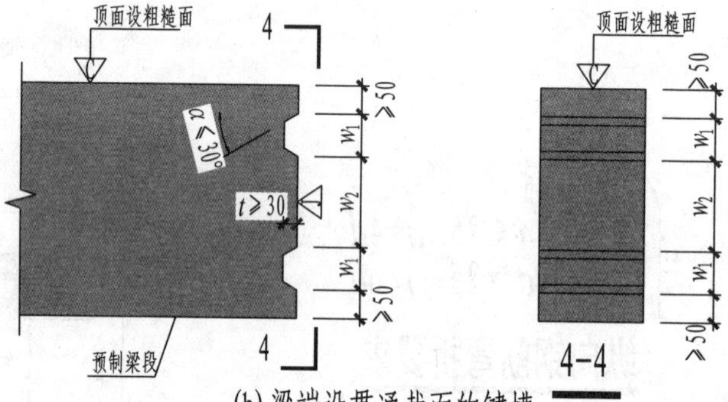

(b)梁端设贯通截面的键槽

顶面无凹口预制梁与后浇混凝土的结合面

($3t \leqslant w_1 \leqslant 10t$，$3t \leqslant w_2 \leqslant 10t$)

说明:

1. 当结合面设粗糙面时，粗糙面的面积不宜小于结合面的80%。
2. 预制梁端应设键槽，其形式、数量、尺寸及布置应由设计确定。当预制梁端设粗糙面时，粗糙面凹凸深度不小于6 mm。

预制梁与后浇混凝土结合面大样图							图集号	川2018G132-TY
审核	张天平	张天平	校对	宋可加	宋可加	设计 赵千荣	页	14

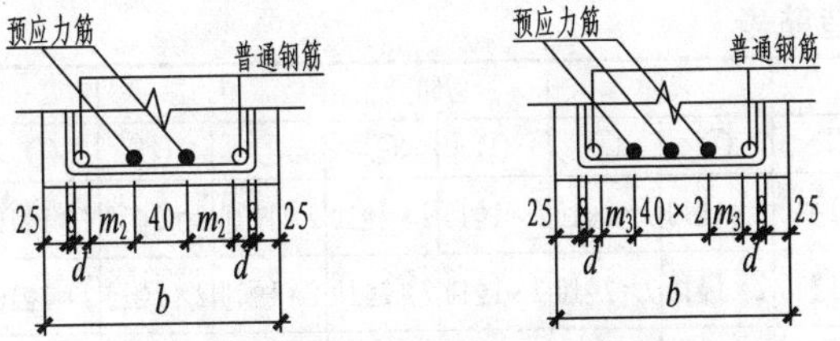

预制梁底面钢筋排布示意

说明：

1. 图中m_2为梁底面设置两根预应力筋时预应力筋中心距普通钢筋边缘的距离，见表1。
2. 图中m_3为梁底面设置三根预应力筋时预应力筋中心距普通钢筋边缘的距离，见表2。

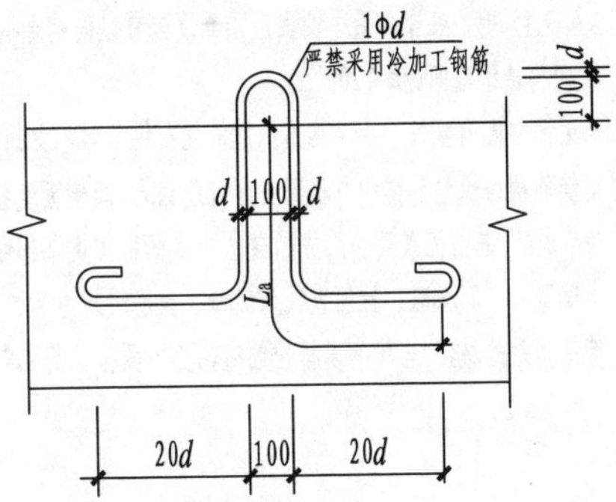

吊钩大样 1:20

*d*为吊钩钢筋直径，由设计确定

钢筋锚入梁内L_a，且不小于30*d*

表1 m_2参数表

b \ d	16	18	20	22	25
200	31	29	27	25	22
250	56	54	52	50	47
300	81	79	77	75	72
350	106	104	102	100	97

表2 m_3参数表

b \ d	16	18	20	22	25
200	/	/	/	/	/
250	36	34	32	30	27
300	61	59	57	55	52
350	86	84	82	80	77

叠合梁侧面纵向构造筋表

梁宽 \ 梁高	400		450		500		550		600		650		700		750		800	
	①	②	①	②	①	②	①	②	①	②	①	②	①	②	①	②	①	②
200	2×1Φ10	/	2×1Φ10	/	2×1Φ10	/	2×1Φ10	/	2×1Φ10	2×1Φ10	2×1Φ10	2×2Φ10	2×1Φ10	2×2Φ10	2×1Φ10	2×2Φ10	2×1Φ10	2×3Φ10
250	2×1Φ10	/	2×1Φ10	/	2×1Φ10	/	2×1Φ10	/	2×1Φ10	2×1Φ10	2×1Φ10	2×2Φ10	2×1Φ10	2×2Φ10	2×1Φ10	2×2Φ10	2×1Φ10	2×3Φ10
300	2×1Φ10	/	2×1Φ10	/	2×1Φ10	/	2×1Φ10	/	2×1Φ10	2×1Φ10	2×1Φ10	2×2Φ10	2×1Φ10	2×2Φ10	2×1Φ10	2×2Φ10	2×1Φ10	2×3Φ10
350	2×1Φ10	/	2×1Φ10	/	2×1Φ10	/	2×1Φ10	/	2×1Φ10	2×1Φ10	2×1Φ10	2×2Φ10	2×1Φ10	2×2Φ10	2×1Φ10	2×2Φ10	2×1Φ10	2×3Φ10

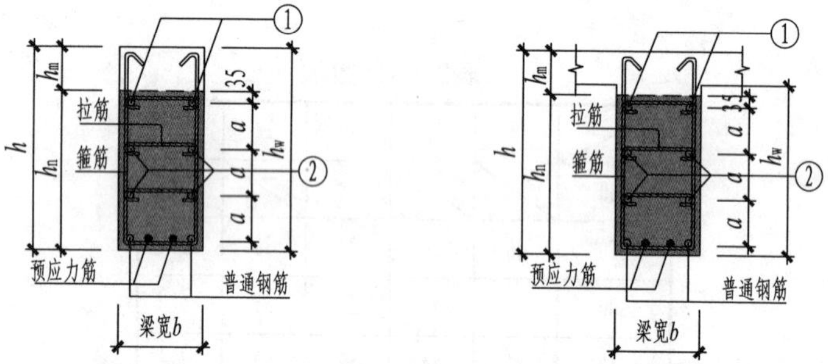

叠合梁侧面纵向构造筋和拉筋

①②所示钢筋为侧面纵向构造钢筋

说明:

1. 叠合梁梁侧第一排纵向构造钢筋位于叠合面下35 mm处。
2. 当$h_w \geqslant 450$时，在梁的两个侧面应沿高度配置纵向构造钢筋；纵向构造钢筋间距$a \leqslant 200$ mm。
3. 当梁侧面配有直径不小于构造纵筋的受扭纵筋时，受扭钢筋可以代替构造钢筋。
4. 梁侧面构造纵筋的搭接与锚固长度可取15d。梁侧面受扭纵筋的搭接长度为l_{lE}或l_l，其锚固长度为l_{aE}或l_a，锚固方式同框架梁下部纵筋。
5. 当梁宽≤350 mm时，拉筋直径为6 mm，拉筋间距为非加密区箍筋间距的2倍。当设有多排拉筋时，上下两排拉筋竖向错开设置。

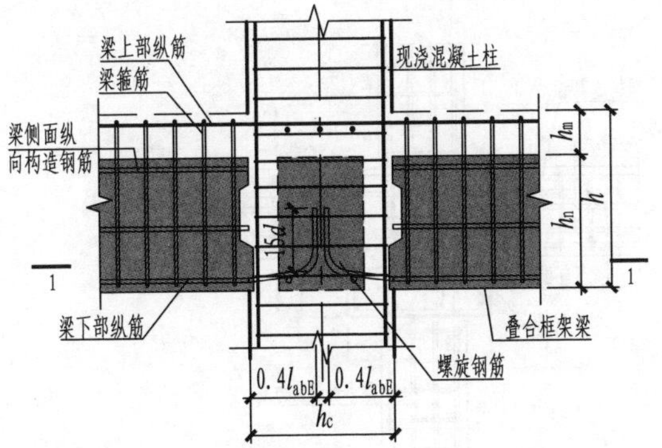

① 中柱节点一

(垂直方向梁等高，梁侧面纵向钢筋为构造钢筋)

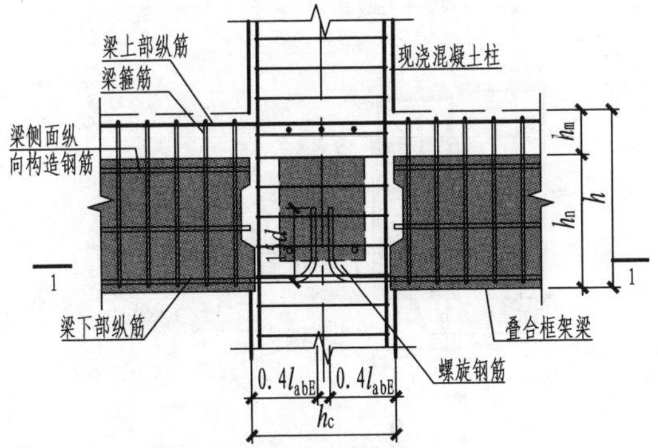

② 中柱节点二

(垂直方向梁不等高，梁侧面纵向钢筋为构造钢筋)

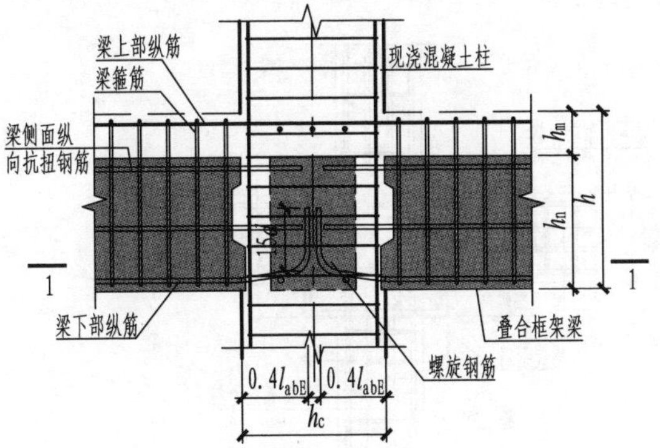

① 中柱节点一

(垂直方向梁等高，梁侧面纵向钢筋为抗扭钢筋)

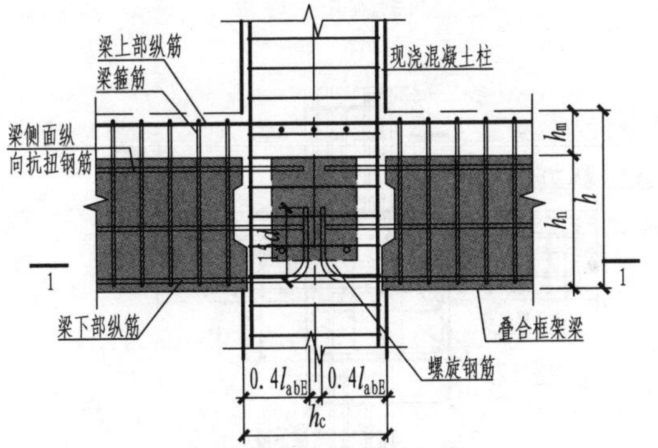

② 中柱节点二

(垂直方向梁不等高，梁侧面纵向钢筋为抗扭钢筋)

说明:

1. 梁柱节点处，当左右或上下梁平齐并等宽等高时，应注意梁底纵筋的避让。
2. 梁边平柱边，为避免钢筋碰撞梁角部采用附加构造钢筋时，设计人员应单独验算梁的抗扭承载能力。
3. 图中1-1剖面见第18页。
4. 螺旋钢筋规格为Φ12@50，螺旋直径为：两侧梁底部纵筋弯折段间距+2d，d为梁两侧底部较大纵筋直径。

叠合框架梁柱中间节点连接构造								图集号	川2018G132-TY
审核	张天平	（签名）	校对	宋可加	（签名）	设计	赵干荣	（签名）	页 17

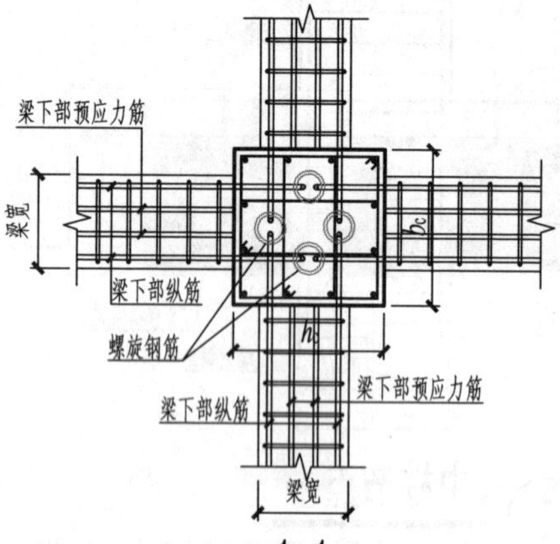

1-1

梁居中布置

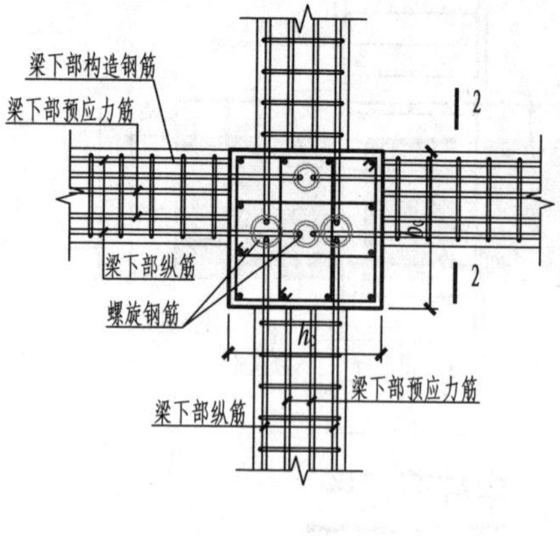

1-1

一方向梁平柱边

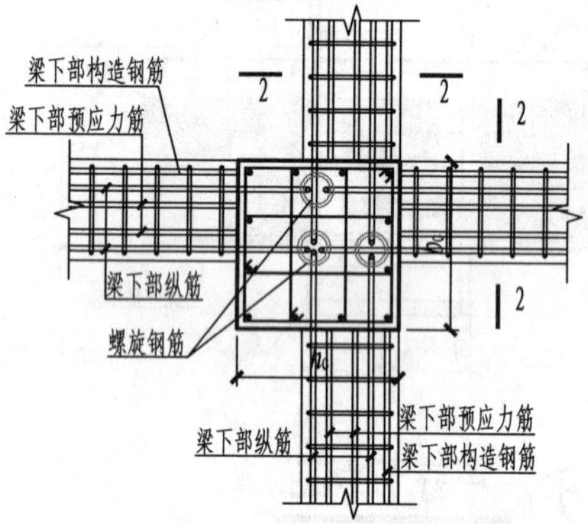

1-1

双向梁平柱边

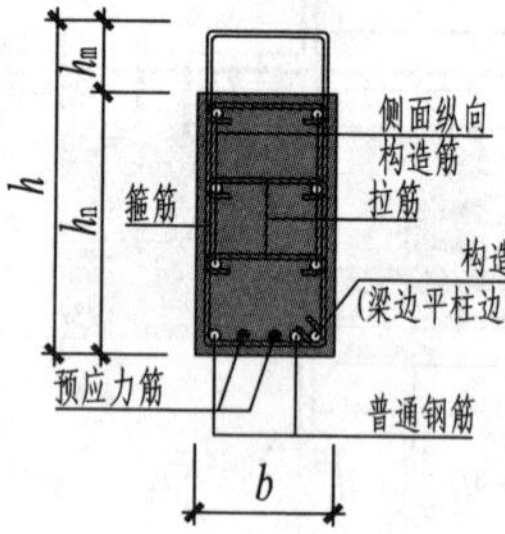

2-2

说明:

1. 梁柱节点处，当左右或上下梁平齐并等宽等高时，应注意梁底纵筋的避让。
2. 梁边平柱边，为避免钢筋碰撞梁角部采用附加构造钢筋时，设计人员应单独验算梁的抗扭承载能力。

叠合框架梁柱中间节点连接构造	图集号	川2018G132-TY
审核 张天平 [signature] 校对 宋可加 [signature] 设计 赵干荣 [signature]	页	18

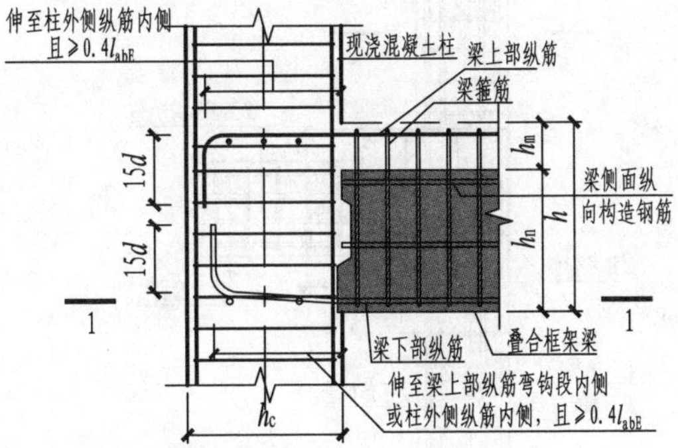

③ **边柱节点一**

（梁侧面纵向钢筋为构造钢筋）

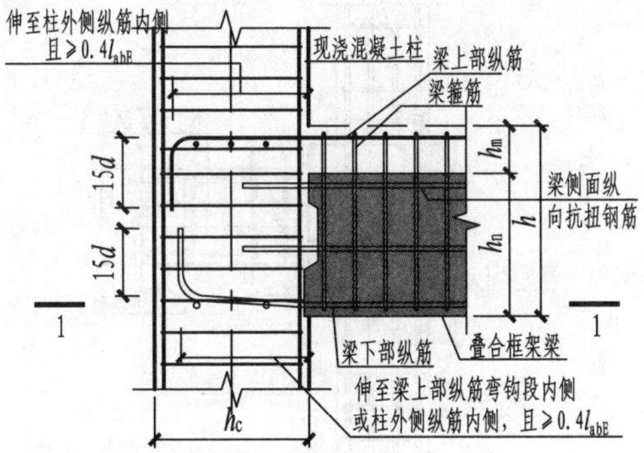

③ **边柱节点一**

（梁侧面纵向钢筋为抗扭钢筋）

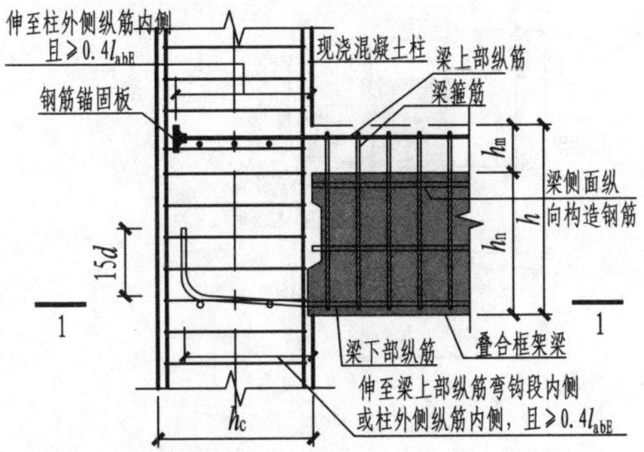

③ **边柱节点一**

（梁侧面纵向钢筋为构造钢筋）

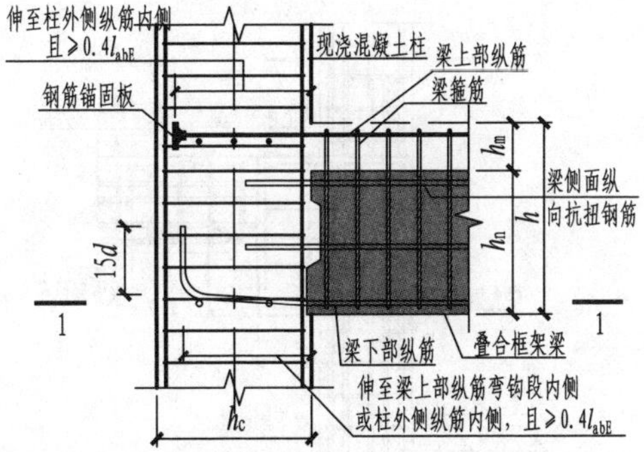

③ **边柱节点一**

（梁侧面纵向钢筋为抗扭钢筋）

说明:

1.梁柱节点处，当左右或上下梁平齐并等宽等高时，应注意梁底纵筋的避让。

2.梁边平柱边，为避免钢筋碰撞梁角部采用附加构造钢筋时，设计人员应单独验算梁的抗扭承载能力。

3.图中1-1剖面见第20页。

叠合框架梁柱边节点连接构造								图集号	川2018G132-TY
审核	张天平	[signature]	校对	宋可加	[signature]	设计	赵千荣	[signature]	页	19

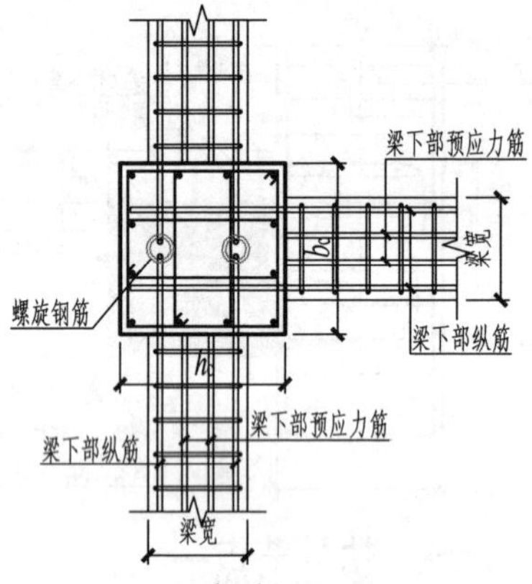

1-1

梁居中布置

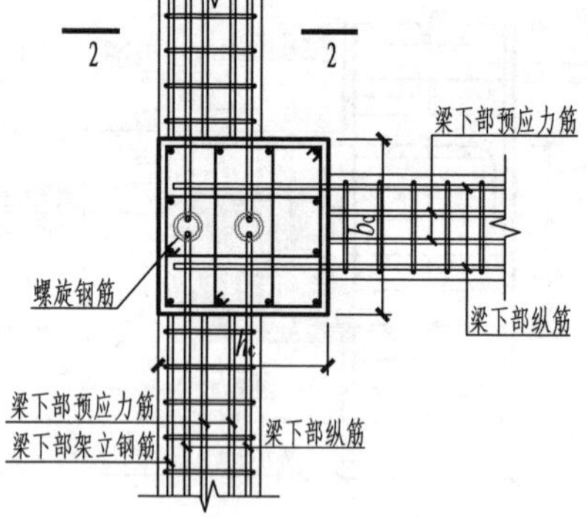

1-1

一方向梁平柱边

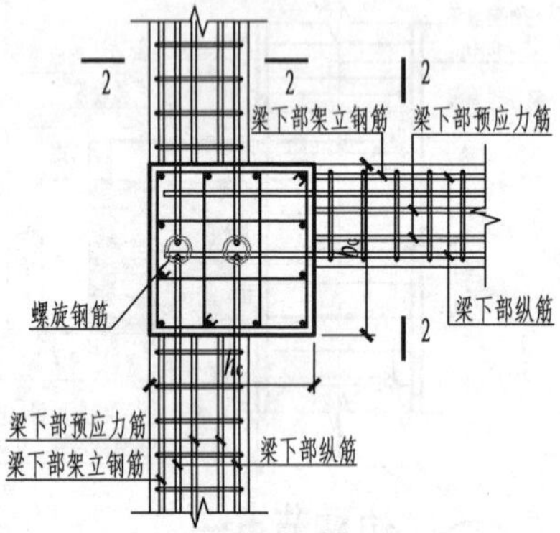

1-1

双向梁平柱边

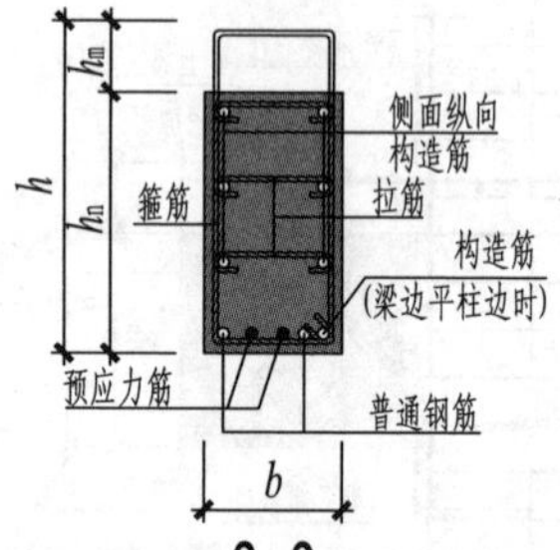

2-2

说明:

1. 梁柱节点处，当左右或上下梁平齐并等宽等高时，应注意梁底纵筋的避让。
2. 梁边平柱边，为避免钢筋碰撞梁角部采用附加构造钢筋时，设计人员应单独验算梁的抗扭承载能力。

叠合框架梁柱边节点连接构造								图集号	川2018G132-TY
审核	张天平	张天平	校对	宋可加	宋可加	设计	赵干荣	页	20

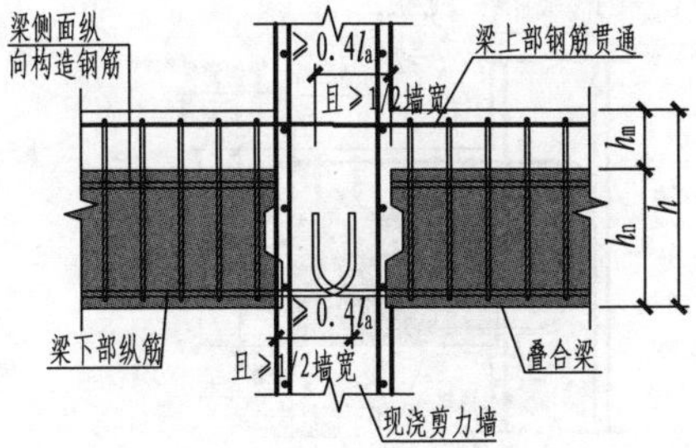

④ 叠合梁与剪力墙平面外连接

梁等高，梁侧面纵向钢筋为构造钢筋

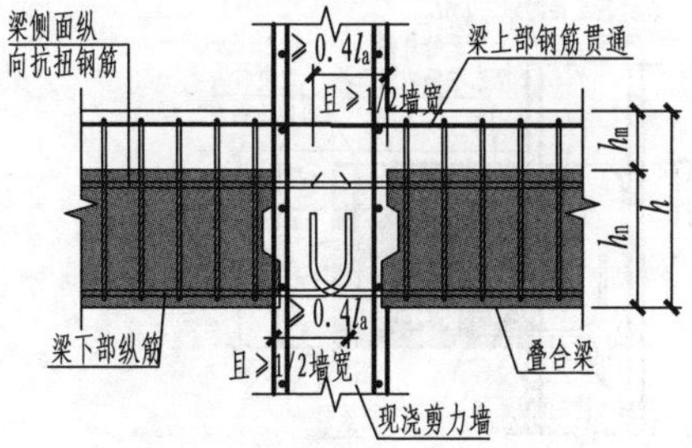

④ 叠合梁与剪力墙平面外连接

梁等高，梁侧面纵向钢筋为抗扭钢筋

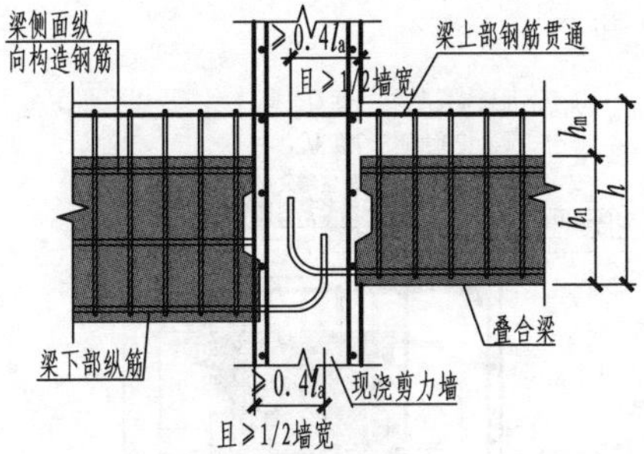

④ 叠合梁与剪力墙平面外连接

梁不等高，梁侧面纵向钢筋为构造钢筋

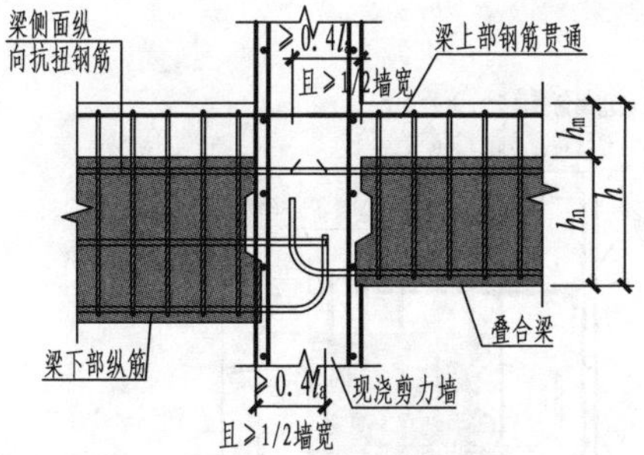

④ 叠合梁与剪力墙平面外连接

梁不等高，梁侧面纵向钢筋为抗扭钢筋

说明：

梁墙节点处，当左右梁平齐并等宽等高时，应注意梁底纵筋的避让。

叠合梁与剪力墙平面外连接中间节点构造									图集号	川2018G132-TY
审核	张天平	张天平	校对	宋可加	宋可加	设计	赵干荣	赵干荣	页	21

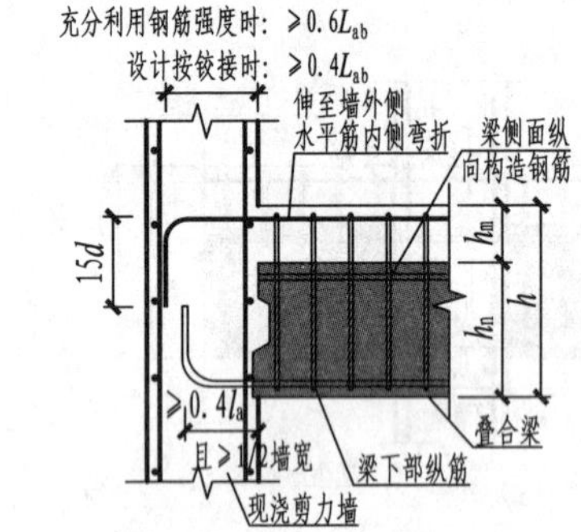

(5) 叠合梁与剪力墙平面外连接

梁上部钢筋弯折锚固，梁侧面纵向钢筋为构造钢筋

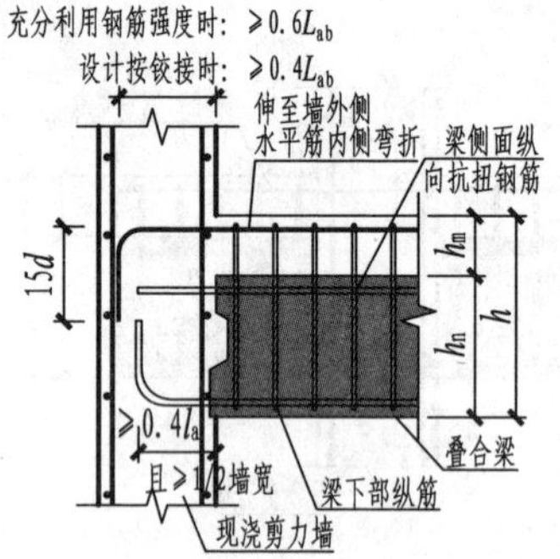

(5) 叠合梁与剪力墙平面外连接

梁上部钢筋弯折锚固，梁侧面纵向钢筋为抗扭钢筋

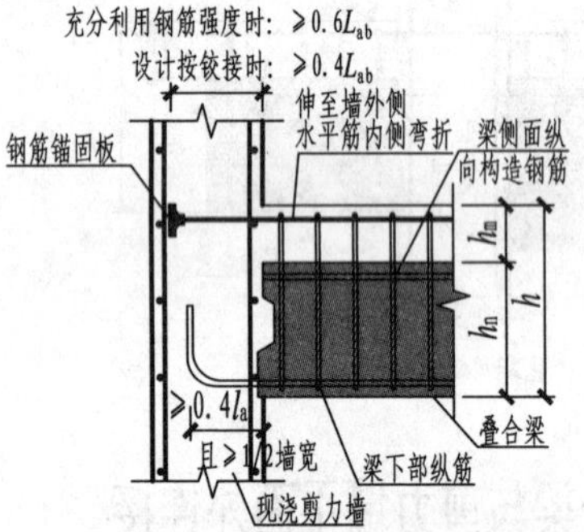

(5) 叠合梁与剪力墙平面外连接

梁上部钢筋锚固板锚固，梁侧面纵向钢筋为构造钢筋

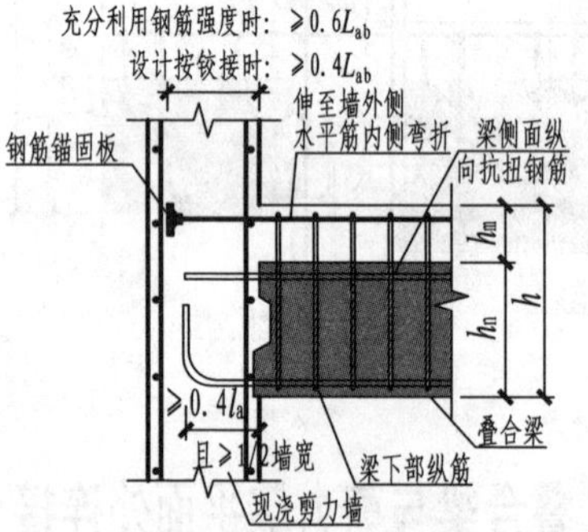

(5) 叠合梁与剪力墙平面外连接

梁上部钢筋锚固板锚固，梁侧面纵向钢筋为抗扭钢筋

叠合梁与剪力墙平面外连接边节点构造									图集号	川2018G132-TY
审核	张天平	张天平	校对	宋可加	宋可加	设计	赵干荣	赵干荣	页	22

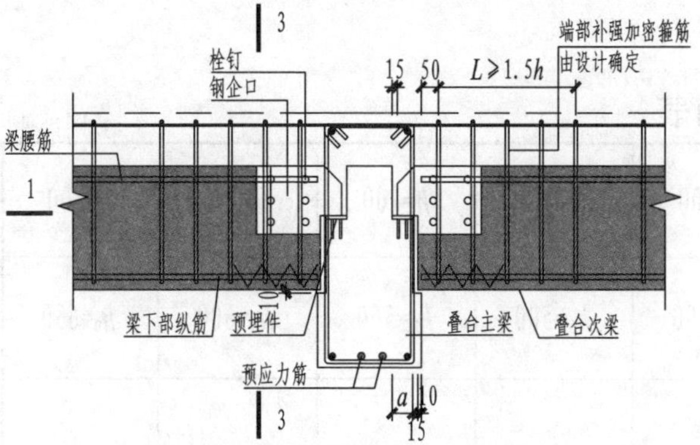

⑥ 搁置式主次梁连接节点示意(一)

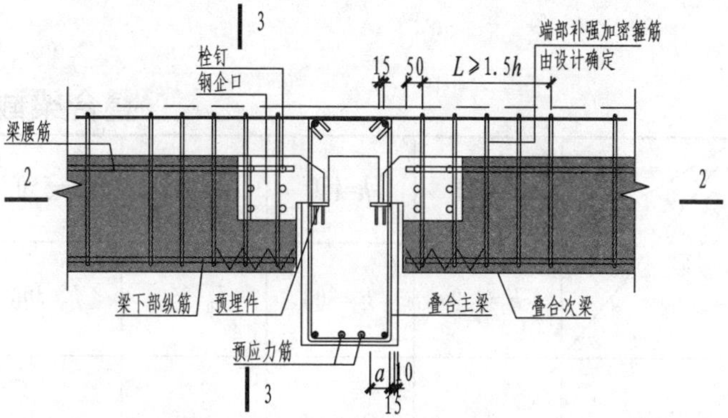

⑥ 搁置式主次梁连接节点示意(二)

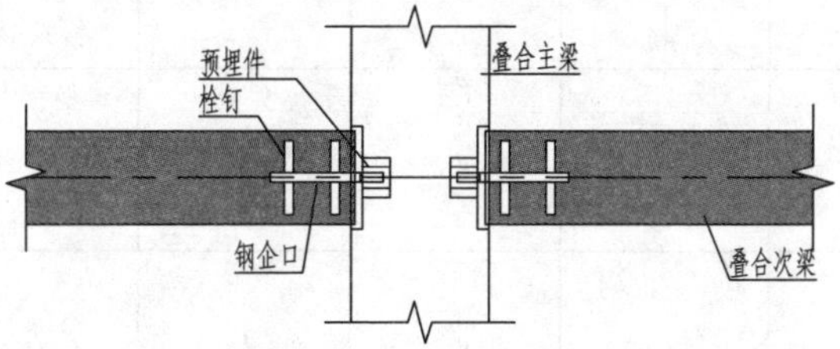

1-1

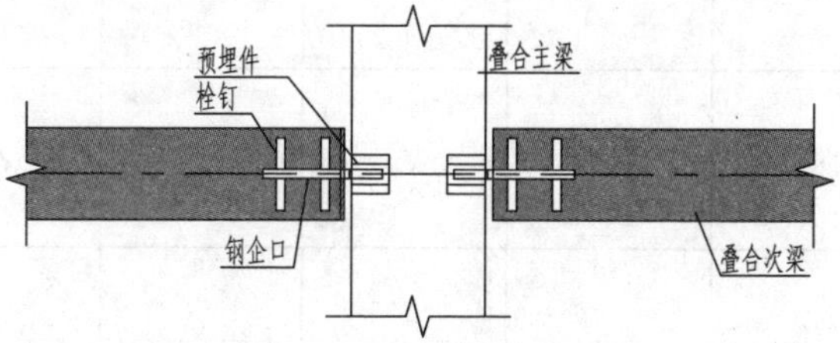

2-2

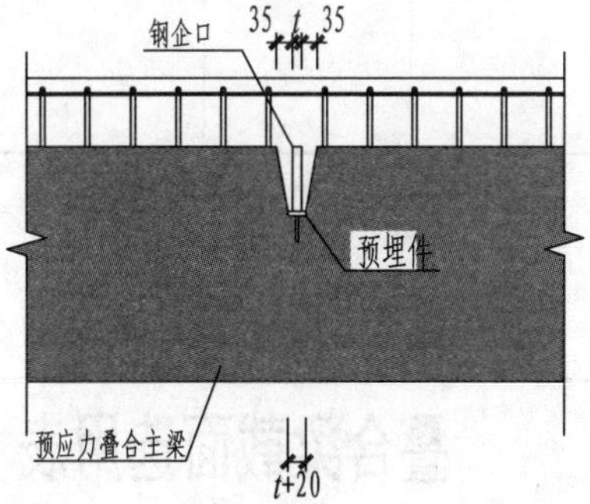

3-3

说明:

1. 当次梁抗扭时，不得使用钢企口方式连接。
2. 本图为主次梁钢企口连接中间支座节点，也可用于主次梁连接边节点。
3. 图中的t、a由设计标注。
4. 钢企口及栓钉的具体尺寸均由设计确定。
5. 预制次梁与主梁之间的间隙采用二次灌浆料灌密实。

搁置式主次梁连接节点示意								图集号	川2018G132-TY
审核	张天平	[signature]	校对	宋可加	[signature]	设计	赵干荣 [signature]	页	23

叠合梁截面选用表

单位：mm

梁宽 \ 梁高 / 预制梁高	h=400	h=450	h=500	h=550	h=600	h=650	h=700	h=750	h=800
	h_n=250	h_n=300	h_n=350	h_n=400	h_n=450	h_n=500	h_n=550	h_n=600	h_n=650
b=200	√	√	√	√	√	√	√	√	√
b=250	√	√	√	√	√	√	√	√	√
b=300	√	√	√	√	√	√	√	√	√
b=350			√	√	√	√	√	√	√

叠合梁截面选用表							图集号	川2018G132-TY
审核	张天平		校对	宋可加		设计	赵干荣	

叠合梁选用表（h=400 mm）

梁编号	预制梁底部预应力钢筋配置	底部普通钢筋配置	底部钢筋换算面积	支座最大配筋量	跨中抗弯承载能力	叠合梁抗裂弯矩	箍筋配置	支座斜截面受剪承载力
		(角筋)	(mm^2)	(mm^2)	M_u(kN·m)	M_{cr}(kN·m)		V_u(kN)
YDL(J)-2040-16-2		2Φ16	1 429	1 340	163			
YDL(J)-2040-18-2		2Φ18	1 535	1 356	175			
YDL(J)-2040-20-2	2Φ^S15.2	2Φ20	1 655	1 356	189	74.2	Φ8@100(2)	218.8
YDL(J)-2040-22-2		2Φ22	1 787	1 356	204			
YDL(J)-2040-25-2		2Φ25	2 008	1 356	230			
YDL(J)-2540-16-2		2Φ16	1 429	1 340	163			
YDL(J)-2540-18-2		2Φ18	1 535	1 695	175			
YDL(J)-2540-20-2	2Φ^S15.2	2Φ20	1 655	1 695	189	79.0	Φ8@100(2)	241.3
YDL(J)-2540-22-2		2Φ22	1 787	1 695	204			
YDL(J)-2540-25-2		2Φ25	2 008	1 695	230			
YDL(J)-3040-16-2		2Φ16	1 429	1 340	163			
YDL(J)-3040-18-2		2Φ18	1 535	1 695	175			
YDL(J)-3040-20-2	2Φ^S15.2	2Φ20	1 655	2 033	189	83.7	Φ8@100(2)	263.1
YDL(J)-3040-22-2		2Φ22	1 787	2 033	204			
YDL(J)-3040-25-2		2Φ25	2 008	2 033	230			

注：对抗震等级为二级、三级的框架梁，当梁端纵向受拉钢筋配筋率大于2%时，表中箍筋直径应为10 mm。

叠合梁选用表（h=450 mm）

梁编号	预制梁底部预应力钢筋配置	底部普通钢筋配置	底部钢筋换算面积	支座最大配筋量	跨中抗弯承载能力	叠合梁抗裂弯矩	箍筋配置	支座斜截面受剪承载力
		(角筋)	(mm^2)	(mm^2)	M_u(kN·m)	M_{cr}(kN·m)		V_u(kN)
YDL(J)-2045-16-2	2Φ^S15.2	2Φ16	1 429	1 340	186	87.1	Φ8@100(2)	248.8
YDL(J)-2045-18-2		2Φ18	1 535	1 540	200			
YDL(J)-2045-20-2		2Φ20	1 655	1 540	215			
YDL(J)-2045-22-2		2Φ22	1 787	1 540	232			
YDL(J)-2045-25-2		2Φ25	2 008	1 540	261			
YDL(J)-2545-16-2	2Φ^S15.2	2Φ16	1 429	1 340	186	92.9	Φ8@100(2)	274.3
YDL(J)-2545-18-2		2Φ18	1 535	1 695	200			
YDL(J)-2545-20-2		2Φ20	1 655	1 927	215			
YDL(J)-2545-22-2		2Φ22	1 787	1 927	232			
YDL(J)-2545-25-2		2Φ25	2 008	1 927	261			
YDL(J)-3045-16-2	2Φ^S15.2	2Φ16	1 429	1 340	186	98.8	Φ8@100(2)	299.2
YDL(J)-3045-18-2		2Φ18	1 535	1 695	200			
YDL(J)-3045-20-2		2Φ20	1 655	2 093	215			
YDL(J)-3045-22-2		2Φ22	1 787	2 312	232			
YDL(J)-3045-25-2		2Φ25	2 008	2 312	261			

注：对抗震等级为二级、三级的框架梁，当梁端纵向受拉钢筋配筋率大于2%时，表中箍筋直径应为10 mm。

叠合梁选用表（h=500 mm）

梁编号	预制梁底部预应力钢筋配置	底部普通钢筋配置	底部钢筋换算面积	支座最大配筋量	跨中抗弯承载能力	叠合梁抗裂弯矩	箍筋配置	支座斜截面受剪承载力
		(角筋)	(mm^2)	(mm^2)	M_u(kN·m)	M_{cr}(kN·m)		V_u(kN)
YDL(J)-2050-16-2	2Φ^S15.2	2Φ16	1 429	1 340	208	100.6	Φ8@100(2)	278.7
YDL(J)-2050-18-2		2Φ18	1 535	1 696	224			
YDL(J)-2050-20-2		2Φ20	1 655	1 727	241			
YDL(J)-2050-22-2		2Φ22	1 787	1 727	260			
YDL(J)-2050-25-2		2Φ25	2 008	1 727	292			
YDL(J)-2550-16-2	2Φ^S15.2	2Φ16	1 429	1 340	208	107.6	Φ8@100(2)	307.4
YDL(J)-2550-18-2		2Φ18	1 535	1 696	224			
YDL(J)-2550-20-2		2Φ20	1 655	2 093	241			
YDL(J)-2550-22-2		2Φ22	1 787	2 159	260			
YDL(J)-2550-25-2		2Φ25	2 008	2 159	292			
YDL(J)-3050-16-2	2Φ^S15.2	2Φ16	1 429	1 340	208	114.7	Φ8@100(2)	335.2
YDL(J)-3050-18-2		2Φ18	1 535	1 696	224			
YDL(J)-3050-20-2		2Φ20	1 655	2 093	241			
YDL(J)-3050-22-2		2Φ22	1 787	2 312	260			
YDL(J)-3050-25-2		2Φ25	2 008	2 312	292			

注：对抗震等级为二级、三级的框架梁，当梁端纵向受拉钢筋配筋率大于2%时，表中箍筋直径应为10 mm。

叠合梁选用表（h=500 mm）

梁编号	预制梁底部预应力钢筋配置	底部普通钢筋配置	底部钢筋换算面积	支座最大配筋量	跨中抗弯承载能力	叠合梁抗裂弯矩	箍筋配置	支座斜截面受剪承载力
		(角筋)	(mm²)	(mm²)	M_u(kN·m)	M_{cr}(kN·m)		V_u(kN)
YDL(J)-3550-16-2		2Φ16	1 429	1 340	208			
YDL(J)-3550-18-2		2Φ18	1 535	1 696	224			
YDL(J)-3550-20-2	$2\phi^{S}15.2$	2Φ20	1 655	2 093	241	121.7	Φ8@100(4)	529.6
YDL(J)-3550-22-2		2Φ22	1 787	2 533	260			
YDL(J)-3550-25-2		2Φ25	2 008	3 271	292			
YDL(J)-3550-16-3		2Φ16	1 942	1 340	283			
YDL(J)-3550-18-3		2Φ18	2 049	1 696	298			
YDL(J)-3550-20-3	$3\phi^{S}15.2$	2Φ20	2 168	2 093	316	157.9	Φ8@100(4)	529.6
YDL(J)-3550-22-3		2Φ22	2 300	2 533	335			
YDL(J)-3550-25-3		2Φ25	2 521	3 271	367			

注：对抗震等级为二级、三级的框架梁，当梁端纵向受拉钢筋配筋率大于2%时，表中箍筋直径应为10 mm。

叠合梁选用表（h=550 mm）

梁编号	预制梁底部预应力钢筋配置	底部普通钢筋配置（角筋）	底部钢筋换算面积 (mm²)	支座最大配筋量 (mm²)	跨中抗弯承载能力 M_u(kN·m)	叠合梁抗裂弯矩 M_{cr}(kN·m)	箍筋配置	支座斜截面受剪承载力 V_u(kN)
YDL(J)-2055-16-2	2Φ^S15.2	2Φ16	1 429	1 340	230	114.7	Φ8@100(2)	309.6
YDL(J)-2055-18-2		2Φ18	1 535	1 696	248			
YDL(J)-2055-20-2		2Φ20	1 655	1 913	267			
YDL(J)-2055-22-2		2Φ22	1 787	1 913	288			
YDL(J)-2055-25-2		2Φ25	2 008	1 913	324			
YDL(J)-2555-16-2	2Φ^S15.2	2Φ16	1 429	1 340	230	123.0	Φ8@100(2)	340.4
YDL(J)-2555-18-2		2Φ18	1 535	1 696	248			
YDL(J)-2555-20-2		2Φ20	1 655	2 093	267			
YDL(J)-2555-22-2		2Φ22	1 787	2 390	288			
YDL(J)-2555-25-2		2Φ25	2 08	2 390	324			
YDL(J)-3055-16-2	2Φ^S15.2	2Φ16	1 429	1 340	230	131.3	Φ8@100(2)	371.3
YDL(J)-3055-18-2		2Φ18	1 535	1 696	248			
YDL(J)-3055-20-2		2Φ20	1 655	2 093	267			
YDL(J)-3055-22-2		2Φ22	1 787	2 533	288			
YDL(J)-3055-25-2		2Φ25	2 008	2 869	324			

注：对抗震等级为二级、三级的框架梁，当梁端纵向受拉钢筋配筋率大于2%时，表中箍筋直径应为10 mm。

叠合梁选用表（h=550 mm）

梁编号	预制梁底部预应力钢筋配置	底部普通钢筋配置(角筋)	底部钢筋换算面积 (mm²)	支座最大配筋量 (mm²)	跨中抗弯承载能力 M_u(kN·m)	叠合梁抗裂弯矩 M_{cr}(kN·m)	箍筋配置	支座斜截面受剪承载力 V_u(kN)
YDL(J)-3555-16-2	2Φ^S15.2	2Φ16	1 429	1 340	230	139.6	Φ8@100(4)	586.5
YDL(J)-3555-18-2		2Φ18	1 535	1 696	248			
YDL(J)-3555-20-2		2Φ20	1 655	2 093	267			
YDL(J)-3555-22-2		2Φ22	1 787	2 533	288			
YDL(J)-3555-25-2		2Φ25	2 008	3 271	324			
YDL(J)-3055-16-3	3Φ^S15.2	2Φ16	1 942	1 340	313	172.0	Φ8@100(2)	371.3
YDL(J)-3055-18-3		2Φ18	2 049	1 696	330			
YDL(J)-3055-20-3		2Φ20	2 168	2 093	350			
YDL(J)-3055-22-3		2Φ22	2 300	2 533	371			
YDL(J)-3055-25-3		2Φ25	2 521	2 869	407			
YDL(J)-3555-16-3	3Φ^S15.2	2Φ16	1 942	1 340	313	180.3	Φ8@100(4)	586.5
YDL(J)-3555-18-3		2Φ18	2 049	1 696	330			
YDL(J)-3555-20-3		2Φ20	2 168	2 093	350			
YDL(J)-3555-22-3		2Φ22	2 300	2 533	371			
YDL(J)-3555-25-3		2Φ25	2 521	3 271	407			

注：对抗震等级为二级、三级的框架梁，当梁端纵向受拉钢筋配筋率大于2%时，表中箍筋直径应为10 mm。

叠合梁选用表（h=600 mm）

梁编号	预制梁底部预应力钢筋配置	底部普通钢筋配置（角筋）	底部钢筋换算面积（mm^2）	支座最大配筋量（mm^2）	跨中抗弯承载能力 M_u(kN·m)	叠合梁抗裂弯矩 M_{cr}(kN·m)	箍筋配置	支座斜截面受剪承载力 V_u(kN)
YDL(J)-2060-16-2	2Φ^S15.2	2Φ16	1 429	1 340	253	129.3	Φ8@100(2)	339.7
YDL(J)-2060-18-2		2Φ18	1 535	1 696	272			
YDL(J)-2060-20-2		2Φ20	1 655	2 093	293			
YDL(J)-2060-22-2		2Φ22	1 787	2 098	316			
YDL(J)-2060-25-2		2Φ25	2 008	2 098	355			
YDL(J)-2560-16-2	2Φ^S15.2	2Φ16	1 429	1 340	253	138.9	Φ8@100(2)	373.5
YDL(J)-2560-18-2		2Φ18	1 535	1 696	272			
YDL(J)-2560-20-2		2Φ20	1 655	2 093	293			
YDL(J)-2560-22-2		2Φ22	1 787	2 533	316			
YDL(J)-2560-25-2		2Φ25	2 008	2 623	355			
YDL(J)-3060-16-2	2Φ^S15.2	2Φ16	1 429	1 340	253	148.6	Φ8@100(2)	406.3
YDL(J)-3060-18-2		2Φ18	1 535	1 696	272			
YDL(J)-3060-20-2		2Φ20	1 655	2 093	293			
YDL(J)-3060-22-2		2Φ22	1 787	2 533	316			
YDL(J)-3060-25-2		2Φ25	2 008	3 148	355			

注：对抗震等级为二级、三级的框架梁，当梁端纵向受拉钢筋配筋率大于2%时，表中箍筋直径应为10 mm。

叠合梁选用表（h=600 mm）

梁编号	预制梁底部预应力钢筋配置	底部普通钢筋配置（角筋）	底部钢筋换算面积 (mm^2)	支座最大配筋量 (mm^2)	跨中抗弯承载能力 M_u(kN·m)	叠合梁抗裂弯矩 M_{cr}(kN·m)	箍筋配置	支座斜截面受剪承载力 V_u(kN)
YDL(J)-3560-18-2	$2\Phi^{S}15.2$	2Φ18	1 535	1696	272	158.3	Φ8@100(4)	643.5
YDL(J)-3560-20-2		2Φ20	1 655	2093	293			
YDL(J)-3560-22-2		2Φ22	1 787	2 533	316			
YDL(J)-3560-25-2		2Φ25	2 008	3 271	355			
YDL(J)-3060-16-3	$3\Phi^{S}15.2$	2Φ16	1 942	1 340	344	193.9	Φ8@100(2)	406.3
YDL(J)-3060-18-3		2Φ18	2 049	1 696	363			
YDL(J)-3060-20-3		2Φ20	2 168	2 093	384			
YDL(J)-3060-22-3		2Φ22	2 300	2 533	407			
YDL(J)-3060-25-3		2Φ25	2 521	3 148	446			
YDL(J)-3560-18-3	$3\Phi^{S}15.2$	2Φ18	2 049	1 696	363	203.6	Φ8@100(4)	643.5
YDL(J)-3560-20-3		2Φ20	2 168	2 093	384			
YDL(J)-3560-22-3		2Φ22	2 300	2 533	407			
YDL(J)-3560-25-3		2Φ25	2 521	3 271	446			

注：对抗震等级为二级、三级的框架梁，当梁端纵向受拉钢筋配筋率大于2%时，表中箍筋直径应为10 mm。

叠合梁选用表（h=650 mm）

梁编号	预制梁底部预应力钢筋配置	底部普通钢筋配置（角筋）	底部钢筋换算面积 (mm^2)	支座最大配筋量 (mm^2)	跨中抗弯承载能力 M_u(kN·m)	叠合梁抗裂弯矩 M_{cr}(kN·m)	箍筋配置	支座斜截面受剪承载力 V_u(kN)
YDL(J)-2065-16-2		2Φ16	1 429	1 340	275			
YDL(J)-2065-18-2		2Φ18	1 535	1 696	296			
YDL(J)-2065-20-2	2Φ^{S}15.2	2Φ20	1 655	2 093	319	144.3	Φ8@100(2)	369.7
YDL(J)-2065-22-2		2Φ22	1 787	2 284	344			
YDL(J)-2065-25-2		2Φ25	2 008	2 284	387			
YDL(J)-2565-16-2		2Φ16	1 429	1 340	275			
YDL(J)-2565-18-2		2Φ18	1 535	1 696	296			
YDL(J)-2565-20-2	2Φ^{S}15.2	2Φ20	1 655	2 093	319	155.5	Φ8@100(2)	406.5
YDL(J)-2565-22-2		2Φ22	1 787	2 533	344			
YDL(J)-2565-25-2		2Φ25	2 008	2 855	387			
YDL(J)-3065-18-2		2Φ18	1 535	1 696	296			
YDL(J)-3065-20-2	2Φ^{S}15.2	2Φ20	1 655	2 093	319	166.6	Φ8@100(2)	443.4
YDL(J)-3065-22-2		2Φ22	1 787	2 533	344			
YDL(J)-3065-25-2		2Φ25	2 008	3 271	387			
YDL(J)-3565-18-2		2Φ18	1 535	1 696	296			
YDL(J)-3565-20-2	2Φ^{S}15.2	2Φ20	1 655	2 093	319	177.8	Φ8@100(4)	700.5
YDL(J)-3565-22-2		2Φ22	1 787	2 533	344			
YDL(J)-3565-25-2		2Φ25	2 008	3 271	387			

注：对抗震等级为二级、三级的框架梁，当梁端纵向受拉钢筋配筋率大于2%时，表中箍筋直径应为10 mm。

叠合梁选用表（h=650 mm）

梁编号	预制梁底部预应力钢筋配置	底部普通钢筋配置（角筋）	底部钢筋换算面积（mm^2）	支座最大配筋量（mm^2）	跨中抗弯承载能力 M_u(kN·m)	叠合梁抗裂弯矩 M_{cr}(kN·m)	箍筋配置	支座斜截面受剪承载力 V_u(kN)
YDL(J)-2565-16-3	3Φ^{S}15.2	2Φ16	1 942	1 340	374	205.3	Φ8@100(2)	406.5
YDL(J)-2565-18-3		2Φ18	2 049	1 696	395			
YDL(J)-2565-20-3		2Φ20	2 168	2 093	418			
YDL(J)-2565-22-3		2Φ22	2 300	2 533	443			
YDL(J)-2565-25-3		2Φ25	2 521	2 855	486			
YDL(J)-3065-18-3	3Φ^{S}15.2	2Φ18	2 049	1 696	395	216.4	Φ8@100(2)	433.4
YDL(J)-3065-20-3		2Φ20	2 168	2 093	418			
YDL(J)-3065-22-3		2Φ22	2 300	2 533	443			
YDL(J)-3065-25-3		2Φ25	2 521	3 271	486			
YDL(J)-3565-18-3	3Φ^{S}15.2	2Φ18	2 049	1 696	395	227.6	Φ8@100(4)	700.5
YDL(J)-3565-20-3		2Φ20	2 168	2 093	418			
YDL(J)-3565-22-3		2Φ22	2 300	2 533	443			
YDL(J)-3565-25-3		2Φ25	2 521	3 271	486			

注：对抗震等级为二级、三级的框架梁，当梁端纵向受拉钢筋配筋率大于2%时，表中箍筋直径应为10 mm。

叠合梁选用表（h=700 mm）

梁编号	预制梁底部预应力钢筋配置	底部普通钢筋配置（角筋）	底部钢筋换算面积 (mm^2)	支座最大配筋量 (mm^2)	跨中抗弯承载能力 M_u(kN·m)	叠合梁抗裂弯矩 M_{cr}(kN·m)	箍筋配置	支座斜截面受剪承载力 V_u(kN)
YDL(J)-2070-16-2		2Φ16	1 429	1 340	298			
YDL(J)-2070-18-2		2Φ18	1 535	1 696	320			
YDL(J)-2070-20-2	$2\Phi^{S}15.2$	2Φ20	1 655	2 093	345	159.8	Φ8@100(2)	399.8
YDL(J)-2070-22-2		2Φ22	1 787	2 470	372			
YDL(J)-2070-25-2		2Φ25	2 008	2 470	418			
YDL(J)-2570-16-2		2Φ16	1 429	1 340	298			
YDL(J)-2570-18-2		2Φ18	1 535	1 696	320			
YDL(J)-2570-20-2	$2\Phi^{S}15.2$	2Φ20	1 655	2 093	345	172.6	Φ8@100(2)	439.6
YDL(J)-2570-22-2		2Φ22	1 787	2 533	372			
YDL(J)-2570-25-2		2Φ25	2 008	3 087	418			
YDL(J)-3070-18-2		2Φ18	1 535	1 696	320			
YDL(J)-3070-20-2	$2\Phi^{S}15.2$	2Φ20	1 655	2 093	345	185.3	Φ8@100(2)	479.4
YDL(J)-3070-22-2		2Φ22	1 787	2 533	372			
YDL(J)-3070-25-2		2Φ25	2 008	3 271	418			
YDL(J)-3570-20-2		2Φ20	1 655	2 093	345			
YDL(J)-3570-22-2	$2\Phi^{S}15.2$	2Φ22	1 787	2 533	372	198.1	Φ8@100(4)	757.4
YDL(J)-3570-25-2		2Φ25	2 008	3 271	418			

注：对抗震等级为二级、三级的框架梁，当梁端纵向受拉钢筋配筋率大于2%时，表中箍筋直径应为10 mm。

叠合梁选用表（h=700 mm）

梁编号	预制梁底部预应力钢筋配置	底部普通钢筋配置	底部钢筋换算面积	支座最大配筋量	跨中抗弯承载能力	叠合梁抗裂弯矩	箍筋配置	支座斜截面受剪承载力
		(角筋)	(mm^2)	(mm^2)	M_u(kN·m)	M_{cr}(kN·m)		V_u(kN)
YDL(J)-2570-16-3	3Φ^{S}15.2	2Φ16	1 942	1 340	404	226.9	Φ8@100(2)	439.6
YDL(J)-2570-18-3		2Φ18	2 049	1 696	427			
YDL(J)-2570-20-3		2Φ20	2 168	2 093	452			
YDL(J)-2570-22-3		2Φ22	2 300	2 533	479			
YDL(J)-2570-25-3		2Φ25	2 521	3 087	525			
YDL(J)-3070-18-3	3Φ^{S}15.2	2Φ18	2 049	1 696	427	239.7	Φ8@100(2)	479.4
YDL(J)-3070-20-3		2Φ20	2 168	2 093	452			
YDL(J)-3070-22-3		2Φ22	2 300	2 533	479			
YDL(J)-3070-25-3		2Φ25	2 521	3 271	525			
YDL(J)-3570-20-3	3Φ^{S}15.2	2Φ20	2 168	2 093	452	252.5	Φ8@100(4)	757.4
YDL(J)-3570-22-3		2Φ22	2 300	2 533	479			
YDL(J)-3570-25-3		2Φ25	2 521	3 271	525			

注：对抗震等级为二级、三级的框架梁，当梁端纵向受拉钢筋配筋率大于2%时，表中箍筋直径应为10 mm。

叠合梁选用表（h=750 mm）

梁编号	预制梁底部预应力钢筋配置	底部普通钢筋配置（角筋）	底部钢筋换算面积（mm^2）	支座最大配筋量（mm^2）	跨中抗弯承载能力 M_u(kN·m)	叠合梁抗裂弯矩 M_{cr}(kN·m)	箍筋配置	支座斜截面受剪承载力 V_u(kN)
YDL(J)-2075-16-2	2ΦS15.2	2Φ16	1 429	1 340	320	175.8	Φ8@100(2)	429.9
YDL(J)-2075-18-2		2Φ18	1 535	1 696	344			
YDL(J)-2075-20-2		2Φ20	1 655	2 093	371			
YDL(J)-2075-22-2		2Φ22	1 787	2 533	400			
YDL(J)-2075-25-2		2Φ25	2 008	2 656	450			
YDL(J)-2575-16-2	2ΦS15.2	2Φ16	1 429	1 340	320	190.2	Φ8@100(2)	472.7
YDL(J)-2575-18-2		2Φ18	1 535	1 696	344			
YDL(J)-2575-20-2		2Φ20	1 655	2 093	371			
YDL(J)-2575-22-2		2Φ22	1 787	2 533	400			
YDL(J)-2575-25-2		2Φ25	2 008	3 271	450			
YDL(J)-3075-18-2	2ΦS15.2	2Φ18	1 535	1 696	344	204.7	Φ8@100(2)	515.4
YDL(J)-3075-20-2		2Φ20	1 655	2 093	371			
YDL(J)-3075-22-2		2Φ22	1 787	2 533	400			
YDL(J)-3075-25-2		2Φ25	2 008	3 271	450			
YDL(J)-3575-20-2	2ΦS15.2	2Φ20	1 655	2 093	371	219.1	Φ8@100(4)	814.4
YDL(J)-3575-22-2		2Φ22	1 787	2 533	400			
YDL(J)-3575-25-2		2Φ25	2 008	3 271	450			

注：对抗震等级为二级、三级的框架梁，当梁端纵向受拉钢筋配筋率大于2%时，表中箍筋直径应为10 mm。

叠合梁选用表（h=750 mm）

梁编号	预制梁底部预应力钢筋配置	底部普通钢筋配置	底部钢筋换算面积	支座最大配筋量	跨中抗弯承载能力	叠合梁抗裂弯矩	箍筋配置	支座斜截面受剪承载力
		(角筋)	(mm^2)	(mm^2)	M_u(kN·m)	M_{cr}(kN·m)		V_u(kN)
YDL(J)-2575-16-3	3ΦS15.2	2Φ16	1 942	1 340	435	249.2	Φ8@100(2)	472.7
YDL(J)-2575-18-3		2Φ18	2 049	1 696	459			
YDL(J)-2575-20-3		2Φ20	2 168	2 093	485			
YDL(J)-2575-22-3		2Φ22	2 300	2 533	515			
YDL(J)-2575-25-3		2Φ25	2 521	3 271	565			
YDL(J)-3075-18-3	3ΦS15.2	2Φ18	2 049	1 696	459	263.6	Φ8@100(2)	515.4
YDL(J)-3075-20-3		2Φ20	2 168	2 093	485			
YDL(J)-3075-22-3		2Φ22	2 300	2 533	515			
YDL(J)-3075-25-3		2Φ25	2 521	3 271	565			
YDL(J)-3575-20-3	3ΦS15.2	2Φ20	2 168	2 093	485	278.1	Φ8@100(4)	814.4
YDL(J)-3575-22-3		2Φ22	2 300	2 533	515			
YDL(J)-3575-25-3		2Φ25	2 521	3 271	565			

注：对抗震等级为二级、三级的框架梁，当梁端纵向受拉钢筋配筋率大于2%时，表中箍筋直径应为10 mm。

叠合梁选用表（h=800 mm）

梁编号	预制梁底部预应力钢筋配置	底部普通钢筋配置（角筋）	底部钢筋换算面积 (mm^2)	支座最大配筋量 (mm^2)	跨中抗弯承载能力 M_u(kN·m)	叠合梁抗裂弯矩 M_{cr}(kN·m)	箍筋配置	支座斜截面受剪承载力 V_u(kN)
YDL(J)-2080-16-2	2ΦS15.2	2Φ16	1 429	1 340	342	192.2	Φ8@100(2)	459.9
YDL(J)-2080-18-2		2Φ18	1 535	1 696	368			
YDL(J)-2080-20-2		2Φ20	1 655	2 093	397			
YDL(J)-2080-22-2		2Φ22	1 787	2 533	428			
YDL(J)-2080-25-2		2Φ25	2 008	2 841	481			
YDL(J)-2580-18-2	2ΦS15.2	2Φ18	1 535	1 696	368	208.4	Φ8@100(2)	505.7
YDL(J)-2580-20-2		2Φ20	1 655	2 093	397			
YDL(J)-2580-22-2		2Φ22	1 787	2 533	428			
YDL(J)-2580-25-2		2Φ25	2 008	3 271	481			
YDL(J)-3080-18-2	2ΦS15.2	2Φ18	1 535	1 696	368	224.7	Φ8@100(2)	551.5
YDL(J)-3080-20-2		2Φ20	1 655	2 093	397			
YDL(J)-3080-22-2		2Φ22	1 787	2 533	428			
YDL(J)-3080-25-2		2Φ25	2 008	3 271	481			
YDL(J)-3580-20-2	2ΦS15.2	2Φ20	1 655	2 093	397	240.9	Φ8@100(4)	871.3
YDL(J)-3580-22-2		2Φ22	1 787	2 533	428			
YDL(J)-3580-25-2		2Φ25	2 008	3 271	481			

注：对抗震等级为二级、三级的框架梁，当梁端纵向受拉钢筋配筋率大于2%时，表中箍筋直径应为10 mm。

叠合梁选用表（h=800 mm）

梁编号	预制梁底部预应力钢筋配置	底部普通钢筋配置	底部钢筋换算面积	支座最大配筋量	跨中抗弯承载能力	叠合梁抗裂弯矩	箍筋配置	支座斜截面受剪承载力
		(角筋)	(mm^2)	(mm^2)	M_u(kN·m)	M_{cr}(kN·m)		V_u(kN)
YDL(J)-2580-18-3	3Φ^{S}15.2	2Φ18	2 049	1 696	491	272.0	Φ8@100(2)	505.7
YDL(J)-2580-20-3		2Φ20	2 168	2 093	519			
YDL(J)-2580-22-3		2Φ22	2 300	2 533	551			
YDL(J)-2580-25-3		2Φ25	2 521	3 271	604			
YDL(J)-3080-18-3	3Φ^{S}15.2	2Φ18	2 049	1 696	491	288.2	Φ8@100(2)	551.5
YDL(J)-3080-20-3		2Φ20	2 168	2 093	519			
YDL(J)-3080-22-3		2Φ22	2 300	2 533	551			
YDL(J)-3080-25-3		2Φ25	2 521	3 271	604			
YDL(J)-3580-20-3	3Φ^{S}15.2	2Φ20	2 168	2 093	519	304.5	Φ8@100(4)	871.3
YDL(J)-3580-22-3		2Φ22	2 300	2 533	551			
YDL(J)-3580-25-3		2Φ25	2 521	3 271	604			

注：对抗震等级为二级、三级的框架梁，当梁端纵向受拉钢筋配筋率大于2%时，表中箍筋直径应为10 mm。

预制梁抗裂弯矩检验值一览表

叠合梁编号	预制梁抗裂弯矩检验值M'_{cr}(kN·m)	叠合梁编号	预制梁抗裂弯矩检验值M'_{cr}(kN·m)	叠合梁编号	预制梁抗裂弯矩检验值M'_{cr}(kN·m)	叠合梁编号	预制梁抗裂弯矩检验值M'_{cr}(kN·m)
YDL(J)-2040-XX-2	29.0	YDL(J)-2060-XX-2	74.3	YDL(J)-3075-XX-2	133.6	YDL(J)-2565-XX-3	123.5
YDL(J)-2540-XX-2	30.8	YDL(J)-2560-XX-2	80.2	YDL(J)-3575-XX-2	143.2	YDL(J)-3065-XX-3	130.6
YDL(J)-3040-XX-2	32.7	YDL(J)-3060-XX-2	86.0	YDL(J)-2080-XX-2	128.6	YDL(J)-3565-XX-3	137.6
YDL(J)-2045-XX-2	38.7	YDL(J)-3560-XX-2	91.9	YDL(J)-2580-XX-2	139.8	YDL(J)-2570-XX-3	142.2
YDL(J)-2545-XX-2	41.3	YDL(J)-2065-XX-2	87.0	YDL(J)-3080-XX-2	150.9	YDL(J)-3070-XX-3	150.5
YDL(J)-3045-XX-2	43.9	YDL(J)-2565-XX-2	94.1	YDL(J)-3580-XX-2	162.1	YDL(J)-3570-XX-3	158.8
YDL(J)-2550-XX-2	49.3	YDL(J)-3065-XX-2	101.1	YDL(J)-2545-XX-3	55.5	YDL(J)-2575-XX-3	161.6
YDL(J)-2550-XX-2	52.7	YDL(J)-3565-XX-2	108.1	YDL(J)-3545-XX-3	60.7	YDL(J)-3075-XX-3	171.3
YDL(J)-3050-XX-2	56.2	YDL(J)-2070-XX-2	100.3	YDL(J)-2550-XX-3	70.5	YDL(J)-3575-XX-3	181.0
YDL(J)-3550-XX-2	59.6	YDL(J)-2570-XX-2	108.6	YDL(J)-3550-XX-3	77.4	YDL(J)-2580-XX-3	181.7
YDL(J)-2055-XX-2	60.7	YDL(J)-3070-XX-2	116.9	YDL(J)-3055-XX-3	91.0	YDL(J)-3080-XX-3	192.9
YDL(J)-2555-XX-2	65.0	YDL(J)-3570-XX-2	125.2	YDL(J)-3555-XX-3	95.4	YDL(J)-3580-XX-3	204.1
YDL(J)-3055-XX-2	69.4	YDL(J)-2075-XX-2	114.2	YDL(J)-3060-XX-3	111.5		
YDL(J)-3555-XX-2	73.8	YDL(J)-2575-XX-2	123.9	YDL(J)-3560-XX-3	117.3		

预制梁抗裂弯矩检验值一览表